Krishna Ram Hanumappa
Navya Hariesh

Ecossistemas aquáticos; qualidade da água e diversidade de aves em lagos urbanos

Krishna Ram Hanumappa
Navya Hariesh

Ecossistemas aquáticos; qualidade da água e diversidade de aves em lagos urbanos

ScienciaScripts

Imprint

Cover image: www.ingimage.com

This book is a translation from the original published under ISBN 978-620-2-06688-4.

Publisher:
Sciencia Scripts
is a trademark of
Dodo Books Indian Ocean Ltd. and OmniScriptum S.R.L publishing group

120 High Road, East Finchley, London, N2 9ED, United Kingdom
Str. Armeneasca 28/1, office 1, Chisinau MD-2012, Republic of Moldova, Europe
Printed at: see last page
ISBN: 978-620-7-91711-2

ÍNDICE

RECONHECIMENTO

Reconhecemos sinceramente o nosso sentimento de gratidão ao Professor B. Hanumaiah, Hon'ble Ex-Vice-Chanceler da Universidade de Mangalore e da Universidade Babasaheb Bhimrao Ambedkar (Universidade Central), Lucknow. Professor Sukhadeo Thorat, antigo Presidente da Comissão de Bolsas Universitárias e Presidente do Conselho Indiano de Investigação em Ciências Sociais, MHRD, Nova Deli. Professor V.G. Talawar, antigo Vice-Chanceler, Universidade de Mysore. Professor. M. Ramachandra Mohan, Departamento de Zoologia, Universidade de Bangalore, Professor. Shivabasavaiah, Departamento de Estudos em Zoologia, Universidade de Mysore, Professor. S. Rama Krishna, Departamento de Zoologia, Universidade de Bangalore, Professor K. Vijay Kumar, Universidade de Gulbarga, Dr. Umesh Kumar Sharma, Cientista-E, DST-SERB, Nova Deli.

Desejamos expressar seu apreço a todos estes cujos esforços tornaram possível a preparação deste livro Dr. B.P. Harani, Professor Associado, Departamento de Zoologia, Universidade de Bangalore, Dr, H. Channaveerappa, Chefe do Departamento de Zoologia, Maharani Science College for Women, Mysore, Dr. S.Y. Narayana Swamy, Professor Associado, Dayanandasagar College of Biosciencess, Bangalore e agradecimentos especiais a Navarathna B.C, Arun Naidu e Shankarappa M e aos funcionários do Departamento de Florestas, Ecologia e Ambiente, Governo de Karnataka, pelas valiosas sugestões para as observações no terreno.

Expresso também o meu profundo sentimento de gratidão aos meus pais, cujas bênçãos sempre me levaram a prosseguir profundamente as actividades académicas. Estou igualmente grato à minha doce esposa, Savithri K. Ram, à minha doce filha Kumari Vibha.K.Ram e ao meu adorável filho Dhruva K. Ram, cujos sorrisos naturais me proporcionaram alívio ao longo de todo este cansativo esforço.

Dr. Krishna Ram Hanumappa

Prefácio

Desde os primórdios da ciência moderna, os lagos têm sido objeto de atenção. Sem dúvida, isto tem algo a ver com a atração que os corpos de água exercem sobre a maioria de nós, assim como a água. Quando, mais recentemente, começou a surgir o ramo da biologia que se preocupa com o funcionamento efetivo dos sistemas naturais (ecologia), as lagoas e os lagos tornaram-se unidades de estudo fundamentais. Além disso, à medida que a ciência se desenvolveu, reconheceu-se que os lagos não podem ser estudados sem uma certa apreciação da sua história de desenvolvimento. Atualmente, não temos dificuldade em aceitar que a biologia das massas de água é influenciada pela geografia, fisiografia e clima, pela morfometria das bacias, pela hidrologia e hidrografia das águas represadas, pela hidroquímica das trocas de fluidos e pelas adaptações, dinâmicas e predilecções do biota aquático. Podemos também aceitar que, tal como não existem duas massas de água idênticas, a procura de padrões subjacentes e dos processos subjacentes continua a avançar rapidamente, levando-nos a uma melhor compreensão da ecologia dos lagos e do seu biota.

Capítulo -1 Introdução geral dos corpos aquáticos

1.1 Introdução geral dos corpos aquáticos

Os ecossistemas aquáticos contribuem para uma grande parte da produtividade biótica do planeta, uma vez que cerca de 30% da produtividade primária mundial provém de plantas que vivem no oceano. Estes ecossistemas incluem também as zonas húmidas localizadas nas margens dos lagos, dos rios, no litoral do oceano e em qualquer habitat onde o solo ou a vegetação estejam submersos durante algum tempo. Quando comparadas com as comunidades terrestres, as comunidades aquáticas são limitadas em termos bióticos de várias formas diferentes.

> Os organismos nos sistemas aquáticos sobrevivem à submersão parcial ou total. A submersão da água tem um efeito na disponibilidade de oxigénio atmosférico, que é necessário para a respiração e a radiação solar, que é necessária para a fotossíntese.

> Alguns organismos em sistemas aquáticos têm de lidar com sais dissolvidos no seu ambiente imediato. Esta condição fez com que estas formas de vida desenvolvessem adaptações fisiológicas para lidar com este problema.

> Os ecossistemas aquáticos são nutricionalmente limitados pelo fósforo e pelo ferro, mais do que pelo azoto, e são geralmente mais frios do que os sistemas terrestres, o que limita a atividade metabólica.

1.2 Cenário global

A Terra, dois terços da qual é coberta por água, parece um planeta azul - o planeta da água - visto do espaço (Clarke, 1994). Os lagos e rios do mundo são provavelmente os recursos de água doce mais importantes do planeta. Mas a quantidade de água doce constitui apenas 2,53% da água da Terra. Na superfície da Terra, a água doce é o habitat de um grande número de espécies.

Estes organismos aquáticos e o ecossistema em que vivem representam um sector substancial da diversidade biológica da Terra. A associação do homem com o ecossistema aquático é antiga. Não é surpreendente que o primeiro sinal de civilização tenha sido encontrado em zonas húmidas. As planícies aluviais do Indo, o delta do Nilo e o Crescente Fértil dos rios Tigre e Eufrates forneceram ao homem todas as suas necessidades básicas. A água pode ser necessária para vários fins, como beber e higiene pessoal, pesca, agricultura, navegação, produção industrial, produção de energia hidroelétrica e actividades recreativas. A grande variedade de zonas húmidas, como pântanos, brejos, turfeiras, massas de água abertas como lagos e rios, mangais, pântanos de maré, etc., pode ser utilizada de forma rentável pelo homem para várias necessidades e para a melhoria do ambiente. O aumento constante da população e a consequente urbanização e industrialização exerceram sérias pressões ambientais sobre estes ecossistemas e afectaram-nos de tal forma que os seus benefícios diminuíram significativamente.

É interessante saber que existem cerca de 14 x 10 8 quilómetros cúbicos de água no planeta, dos quais mais de 97,5% se encontram nos oceanos, que cobrem 71% da superfície da Terra. Estima-se que as zonas húmidas ocupem cerca de 6,4% da superfície terrestre. Dessas zonas húmidas, cerca de 30% são constituídas por turfeiras, 26% por pântanos, 20% por pântanos e 15% por planícies aluviais. Da água doce da Terra, 69,6% está retida no gelo continental, 30,1% em aquíferos subterrâneos e 0,26% em rios e lagos. Em particular, os lagos ocupam menos de 0,007% da água doce do mundo (Clarke, 1994). Esta quantidade de água encontra-se em lagos, rios, reservatórios e nas fontes subterrâneas que são suficientemente superficiais para serem exploradas a um custo acessível. Apenas esta quantidade é regularmente renovada pela chuva e pela queda de neve, pelo que está disponível numa base sustentável.

1.3 Cenário indiano

A Índia, em virtude da sua geografia, terreno variado e clima, é abençoada com numerosos rios e riachos que suportam uma rica diversidade de habitats de zonas húmidas interiores e costeiras. Os principais sistemas fluviais no norte são o

Ganga, o Yamuna e o Brahmaputra (rios perenes dos Himalaias) e, no sul, o Krishna, o Godavari e o Cauvery (não perenes, uma vez que são alimentados principalmente pela chuva). A parte central da Índia tem o Narmada e o Tapti. A planície de inundação indo-gangética é o maior regime de zonas húmidas da Índia. A maior parte das zonas húmidas naturais da Índia está ligada aos sistemas fluviais. As elevadas cadeias montanhosas dos Himalaias no norte da Índia albergam vários lagos bem conhecidos, especialmente os lagos paleárcticos de Ladakh e o Vale de Caxemira, que são nascentes de rios importantes. Nas regiões nordeste e leste do país estão localizadas as enormes planícies aluviais do Ganges e do Brahmaputra, juntamente com o produtivo sistema de pântanos, charcos e lagos de arco de boi. Além disso, existe uma série de zonas húmidas artificiais para vários projectos polivalentes. Exemplos disso são a barragem de Harike na confluência do Beas e do Sutlej no Punjab, a barragem de Bhakra Nangal no Punjab e Himachal Pradesh e a barragem de Cosi na fronteira Bihar-Nepal. O clima da Índia varia desde o frio e árido Ladakh até ao quente e árido Rajasthan, e a Índia tem mais de 7.500 km de costa, grandes sistemas fluviais e montanhas. Os ecossistemas terrestres variam entre florestas húmidas perenes e caducifólias nos ghats ocidentais e no nordeste, planícies arbustivas no planalto decano e planícies gangéticas no meio das cadeias montanhosas.

Existem 67.429 zonas húmidas na Índia, cobrindo cerca de 4,1 milhões de hectares. Destas, 2.175 zonas húmidas são naturais, cobrindo cerca de 1,5 milhões de hectares, e 65.254 zonas húmidas são artificiais, ocupando cerca de 2,6 milhões de hectares.

Segundo o Forest Survey of India, os mangais cobrem mais 6 740 quilómetros quadrados. As suas maiores concentrações são Sunderbans e as ilhas Andaman e Nicobar, que detêm 80% dos mangais do país. Os restantes encontram-se em Orissa, Andhra Pradesh, Tamilnadu, Karnataka, Maharashtra, Gujarat e Goa.

As zonas húmidas foram drenadas e transformadas devido a actividades antropogénicas, como o desenvolvimento urbano e agrícola não planeado, as indústrias, a construção de estradas, os represamentos, a extração de recursos e a eliminação de dragas, causando perdas económicas e ecológicas substanciais a longo prazo. Ocupam cerca de 58,2 milhões de hectares, dos quais 40,9 milhões de hectares são cultivados com arroz. Cerca de 3,6 milhões de hectares são adequados para a piscicultura. Aproximadamente 2,9 milhões de hectares são dedicados à pesca de captura (salobra e de água doce). Os mangais, estuários e remansos ocupam 0,4, 3,9 e 3,5 milhões de hectares, respetivamente. Os represamentos artificiais constituem 3 milhões de hectares. Cerca de 28 000 km de rios, incluindo os principais afluentes e canais. Os canais e canais de irrigação constituem outros 113 000 km (Rajinikanth, R. e Ramachandra, T.V., 2000).

Embora não existam resultados exactos sobre a perda de zonas húmidas na Índia, o inquérito do Wildlife Institute of India revela que 70-80% dos pântanos e lagos de água doce das planícies aluviais do Ganges se perderam nas últimas cinco décadas. As áreas de mangais da Índia diminuíram para metade, de 700 000 ha em 1987 para 453 000 ha em 1995.

1.4 Cenário dos ecossistemas aquáticos de Karnataka

O Estado de Karnataka, situado entre 11^0 31' e 18^0 45' de latitude norte e 74^0 12' e 780 40' de longitude leste, é dotado de numerosos rios, lagos e ribeiros e tem uma linha costeira de cerca de 320 km. A extensão espacial do Estado é de 1.92.204 km2 (5,35% da área geográfica total do país), com uma população de 52 milhões de habitantes. A precipitação média anual varia entre 3.932 (Dakshina Kannada) e 140 mm (Bijapur). As zonas húmidas do Karnataka estão classificadas em interiores e costeiras, tanto naturais como artificiais. As zonas húmidas interiores naturais incluem lagos, lagos de arcos de boi e pântanos; as zonas húmidas interiores artificiais incluem reservatórios e tanques. As zonas húmidas costeiras naturais incluem estuários, riachos, lodaçais, mangais e pântanos; enquanto as zonas húmidas costeiras artificiais incluem salinas. As zonas húmidas cobrem cerca de 2,72 milhões de hectares, dos quais as zonas húmidas interiores cobrem 2,54 milhões de hectares e as zonas húmidas costeiras 0,18 milhões de hectares. A área de 682 zonas húmidas, espalhadas pelo Estado de Karnataka, é de cerca de 2 718 km2, das quais 7 são zonas húmidas interiores naturais (581,25 ha), 615 são zonas húmidas interiores artificiais (253 433,75 ha), 56 são zonas húmidas costeiras naturais (16 643,75 ha) e 4 são zonas húmidas costeiras artificiais (1 181,75 ha). As zonas húmidas interiores cobrem 93,43% (254.015 ha) da área total de zonas húmidas, enquanto as zonas húmidas costeiras cobrem apenas 6,57% (17.825,5 ha). Os tanques (561) representam 79.088 ha; seguem-se os reservatórios (53), que cobrem cerca de 174.290 ha; os lagos, que ocupam cerca de 438 ha; e os mangais, que representam 550 ha. Karnataka inclui as bacias dos rios Krishna (58,9%), Cauvery (18,8%), Godavari (2,31%), Pennar do Norte (3,62%), Pennar do Sul (1,96%), Palar (1,55%) e rios de caudal ocidental (12,8%) com uma drenagem de 191 770 km2. (Rege et al, 1996).

A área total de dispersão de água durante a pré-monção é de cerca de 204.054 ha, e 246.643 ha na pós-monção. Do total de zonas húmidas do estado, 71 apresentam uma dispersão de água inferior a 56,25 ha (Rege et al., 1996). A área de distribuição de água dos lagos/ lagoas na pós-monção é de cerca de 437,50 ha, e 368,75 ha na pré-monção. As albufeiras apresentam variações consideráveis entre a pós-monção (167,268 ha) e a pré-monção (138,684.25 ha). Os tanques também variam de 46 975,25 ha (pós-monção) a 60 912,25 ha (pré-monção). As zonas húmidas costeiras, sob influência constante do mar, não apresentam variações em termos de área de dispersão de água em todas as estações. A maior parte dos tanques seca durante a pré-monção.

As sociedades humanas antigas têm tradicionalmente reconhecido os recursos hídricos de forma prática e simbólica. A incapacidade das sociedades modernas para lidar com a água como um recurso finito está a levar à destruição desnecessária de rios, lagos e pântanos que nos fornecem água. Este fracasso, por sua vez, está a ameaçar todas as opções de sobrevivência e segurança de plantas, animais, seres humanos, etc. Há uma necessidade urgente de

> Restaurar e conservar a verdadeira fonte de água - o ciclo da água e os

ecossistemas naturais que o suportam - é a base de uma gestão sustentável da água.

> A degradação ambiental está a impedir-nos de alcançar os objectivos de boa saúde pública, segurança alimentar e melhores meios de subsistência em todo o mundo.

> A melhoria da qualidade de vida humana pode ser conseguida de formas que também mantenham e melhorem a qualidade ambiental.

> Reduzir os gases com efeito de estufa para evitar os efeitos perigosos do clima

> A mudança é parte integrante da proteção dos recursos de água doce e dos ecossistemas.

1.4 Ecossistemas Aquáticos; Categorias: Os ecossistemas aquáticos podem ser categorizados como

1 Mar aberto que ocupa cerca de 90% da superfície total do oceano e contém cerca de 10% de todas as espécies de plantas e animais marinhos.

2 Zona costeira, que é a área do oceano onde a profundidade da água é inferior a 200 metros. Na zona costeira existem vários habitats únicos, tais como

Bacia hidrográfica

O rio, a lagoa, as zonas húmidas, o lago ou o estuário são o destino final de toda a água que corre a jusante através de uma área de terreno, designada por bacia hidrográfica. Uma bacia hidrográfica é uma bacia de captação que é delimitada por características topográficas, tais como as arestas e desempenha funções primárias do ecossistema

(http://www.gdrc.org). Desempenha um papel fundamental no funcionamento natural do ecossistema (Ahalya, N. e Ramachandra, T.V., 2002), nomeadamente

> Hidrologicamente, as bacias hidrográficas integram o escoamento das águas superficiais de toda uma bacia de drenagem. Capta a água da atmosfera.

Idealmente, toda a humidade recebida da atmosfera, seja na forma líquida ou sólida, tem a máxima oportunidade de entrar no solo onde cai. A água infiltra-se no solo e percola para baixo. Vários factores afectam a taxa de infiltração, incluindo o tipo de solo, a topografia, o clima e a cobertura vegetal. A percolação é também auxiliada pela atividade de animais escavadores, insectos e minhocas.

> Armazena a água da chuva depois de esta ser filtrada pelo solo. Quando os solos da bacia hidrográfica estão saturados, a água infiltra-se mais profundamente ou escorre para a superfície. Isto pode resultar em aquíferos de água doce e nascentes. O tipo e a quantidade de vegetação, bem como a estrutura da comunidade vegetal, podem influenciar grandemente a capacidade de armazenamento em qualquer bacia hidrográfica. A massa de raízes associada a uma cobertura vegetal saudável mantém o solo mais permeável e permite que a humidade se infiltre profundamente no solo para armazenamento. A vegetação na zona ribeirinha afecta tanto a quantidade como a qualidade da água que se move através do solo.

> Por fim, a água move-se através do solo até às nascentes e é finalmente libertada em cursos de água, rios e oceano. As taxas de libertação lentas são

> Estuários - as águas salinas do oceano encontram-se com a água doce dos cursos de água e dos rios e estes habitats são muito produtivos devido à acumulação de nutrientes provenientes do escoamento de água doce.

> Pântanos de maré - comuns em zonas temperadas, dominados por juncos e gramíneas.

> Os mangais são comuns nas zonas tropicais e têm espécies arbóreas.

> Recifes de coral - suportados por águas tropicais quentes e pouco profundas e comparáveis às florestas tropicais em termos de densidade de indivíduos, diversidade de espécies e tipos de formas de vida. Os corais são organismos minúsculos que constroem uma câmara de carbonato de cálcio para a sua habitação. Durante longos períodos de tempo, a construção contínua destas casas cria uma grande acumulação de esqueletos de coral.

3. Lagos e reservatórios: Os lagos são características naturais formadas pela acumulação de água doce em depressões. As fontes de água incluem a precipitação, o escoamento superficial, o caudal dos cursos de água e os fluxos de água subterrânea, enquanto os reservatórios são massas de água doce criadas artificialmente pelo homem. Os lagos são classificados de acordo com o seu estado de nutrientes em:

> Eutrópicas: ricas em nutrientes - azoto e fósforo. Estes lagos têm normalmente grandes populações de plâncton e zooplâncton, têm populações de peixes menos diversificadas e estão frequentemente esgotados em oxigénio dissolvido durante os períodos de temperaturas quentes. Os seres humanos alteraram o estado nutricional de muitos lagos através da adição de nitratos, ureia e fosfatos. Este processo resulta em alterações físicas, químicas e biológicas no sistema.

> Oligotróficos: são pobres em nutrientes, frequentemente cristalinos e com baixa produtividade biótica.

4. Rios e riachos: São criados pela acumulação de escoamento superficial e de águas subterrâneas em canais de baixa altitude. Constituem componentes importantes do sistema hidrológico e transportam água de áreas onde a precipitação excede a evapotranspiração para lagos e oceanos.

5. Zonas húmidas de água doce: Estes são habitats terrestres parcialmente submersos por água doce e incluem habitats como pântanos, pântanos, lagoas, etc. Estes habitats suportam muitas espécies diferentes de peixes, aves e animais. As plantas e os animais presentes nas zonas húmidas são mais numerosos do que os habitats terrestres, o que as torna ambientes altamente produtivos. As zonas húmidas funcionam como ecótonos, transições entre diferentes habitats, e têm características tanto de ecossistemas aquáticos como terrestres.

As zonas húmidas têm sido frequentemente descritas como os rins da paisagem devido ao papel que desempenham nos ciclos da água e dos produtos químicos. As zonas húmidas filtram os sedimentos e a poluição do ambiente circundante para que a água que descarregam nos rios e lagos seja mais limpa. Desta forma, as zonas húmidas actuam como sumidouro e fonte, armazenando e transmitindo recursos vitais para o seu ambiente local, o que é preferível a taxas de libertação rápidas, que resultam em picos curtos e graves no caudal dos cursos de água. As tempestades que geram grandes quantidades de escoamento podem levar a inundações, à erosão do solo e ao assoreamento dos cursos de água.

> Em última análise, a humidade regressará à atmosfera por evaporação. O ciclo hidrológico (captação, armazenamento, libertação e eventual evaporação da água) constitui a base do funcionamento das bacias hidrográficas. Do ponto de vista económico, as bacias hidrográficas desempenham um papel fundamental como fontes de água, alimentos, energia hidroelétrica, locais de lazer e vias de transporte.

> Ecologicamente, as bacias hidrográficas constituem um elo crítico entre a terra e o mar; fornecem habitat - em zonas húmidas, rios e lagos - para 40% das espécies de peixes do mundo, algumas das quais migram entre sistemas marinhos e de água doce.

> As bacias hidrográficas também proporcionam habitat nos ecossistemas terrestres, como as florestas e os prados, para a maioria das espécies de plantas e animais terrestres; e prestam uma série de outros serviços ecossistémicos - desde a purificação e retenção da água até ao controlo das cheias, à reciclagem de nutrientes e à recuperação da fertilidade do solo - vitais para as civilizações humanas.

Por conseguinte, a bacia hidrográfica deve ser gerida como uma unidade única. Cada pequena parte da paisagem tem um papel importante na saúde global da bacia hidrográfica. Prestar atenção principalmente à zona ribeirinha, uma área crítica para a função de libertação de uma bacia hidrográfica, não compensará a falta de atenção às terras altas da bacia hidrográfica. Estas desempenham um papel igualmente importante na bacia hidrográfica, a captação e armazenamento de humidade. É a gestão integrada de toda a bacia hidrográfica e a compreensão do processo hidrológico que garantem a saúde da bacia hidrográfica.

1.5 Abordagem da gestão dos recursos com base na bacia hidrográfica

Cada sistema fluvial, desde as suas nascentes até à foz, é um sistema integrado e deve ser tratado como tal. A gestão dos recursos hídricos centra-se na utilização sensata e eficiente dos recursos hídricos para fins como a produção de energia, a navegação, o controlo das cheias, a irrigação e a água potável (Rajinikanth, R. e Ramachandra, T.V., 2001). Também coloca a tónica na melhoria da qualidade da água ambiente. A abordagem por bacia hidrográfica pode trazer benefícios para os cidadãos, o sector público e o sector privado. Os cidadãos individuais beneficiam quando a proteção da bacia hidrográfica melhora o ambiente e a habitabilidade de uma zona. A participação dos cidadãos e organizações locais em toda a bacia hidrográfica garante que aqueles que estão mais familiarizados com a bacia hidrográfica, os seus problemas e possíveis soluções desempenhem um papel importante na gestão da bacia hidrográfica. O sector privado pode beneficiar porque o ónus da proteção dos recursos hídricos é distribuído de forma mais equitativa entre as fontes de poluição.

É necessária uma abordagem global da gestão dos recursos hídricos para resolver a miríade de problemas de qualidade da água que existem atualmente, provenientes de fontes pontuais e não pontuais, bem como da degradação dos habitats. O planeamento e a gestão dos recursos com base em bacias hidrográficas constituem uma estratégia para uma proteção e recuperação mais eficazes dos ecossistemas aquáticos e para a proteção da saúde humana. A abordagem por bacias hidrográficas dá ênfase a todos os aspectos da qualidade da água, incluindo a qualidade química da água (por exemplo, toxinas e poluentes convencionais), a qualidade física da água (por exemplo, temperatura, caudal e circulação), a qualidade do habitat (por exemplo, morfologia do canal do ribeiro, composição do substrato e características da zona ribeirinha) e a saúde biológica e a biodiversidade (por exemplo, abundância, diversidade e distribuição das espécies).

Para lidar com a poluição de fontes não pontuais de uma forma eficaz, é necessária uma escala de análise e gestão mais pequena e mais abrangente. Enquanto os programas de controlo da poluição de fontes pontuais incentivam a identificação de poluidores isolados, as estratégias de fontes não pontuais reconhecem que as pequenas fontes de poluição estão amplamente dispersas na paisagem e que os impactos cumulativos destes poluentes na qualidade da água e no habitat são grandes. Uma abordagem de toda a bacia para proteger a qualidade da água revelou-se mais eficaz porque reconhece as sub-bacias interligadas (Ahalya, N. e Ramachandra, T.V., 2002). Isto inclui:

- Abordagem das questões relativas à quantidade de água e à proteção das zonas ribeirinhas ,

o controlo das espécies aquáticas não nativas e a proteção da qualidade da água.

- Proteger a integridade das infiltrações permanentes e intermitentes, dos cursos de água, dos rios, das zonas húmidas, das zonas ribeirinhas, etc.

- Dar prioridade às bacias hidrográficas para proteção e recuperação e concentrar os recursos disponíveis nas prioridades mais elevadas. Além disso, identificar as sub-bacias hidrográficas nas quais se deve dar ênfase à alta qualidade da água.

- Não aplicação de qualquer gestão da madeira em zonas ribeirinhas sem

prova de que estas actividades aumentam efetivamente os detritos lenhosos grosseiros acima dos níveis naturais e de que os benefícios ultrapassam os riscos (sedimentação, escoamento de óleos e combustíveis, etc.).

- Realização de um controlo exaustivo da qualidade da água em todas as estações do ano.

- Eliminar o abate comercial de árvores e a recreação sem restrições nas bacias hidrográficas municipais.

1.6 Práticas de gestão de bacias hidrográficas

A poluição de origem não pontual representa uma séria ameaça para a saúde das bacias hidrográficas. Resulta de uma acumulação de muitas pequenas acções e, embora os impactos individuais possam parecer menores, os efeitos cumulativos combinados são significativos. Existem medidas de controlo e melhores práticas de gestão (BMP) que podem ser utilizadas para melhorar a saúde das bacias hidrográficas (Kiran e Ramachandra, T.V., 1999). A eficácia das medidas varia, dependendo dos poluentes específicos abordados; da hidrologia e das características da bacia hidrográfica, tais como solos, declives, tipo de cobertura vegetal e natureza e extensão do desenvolvimento da área; das massas de água na bacia hidrográfica; e das fontes de poluição. A eficácia também depende da aplicação correcta da medida ou prática de controlo. Todos os tipos de utilização dos solos têm o potencial de criar poluição de origem não pontual. A maior parte desta poluição resulta de alterações e perturbações no terreno. Algumas das principais fontes incluem zonas residenciais, actividades agrícolas e práticas florestais.

Os problemas residenciais têm origem em bairros com habitações unifamiliares ou multifamiliares típicas. Os problemas resultam de superfícies impermeáveis que aumentam o caudal e o volume das escorrências, provocando a erosão dos canais dos cursos de água e inundações, bem como a sedimentação de relvados e jardins erodidos. O escoamento pode ser contaminado por produtos químicos domésticos, como fertilizantes, pesticidas e herbicidas, tintas, solventes e contaminantes de automóveis, como o óleo. As medidas de controlo mais eficazes para lidar com a poluição residencial de fontes não pontuais incluem:

- educação pública
- Utilização de valas com vegetação e zonas húmidas para filtragem de contaminantes antes de o escoamento entrar nos cursos de água receptores
- Colectores de sedimentos em sistemas de águas pluviais

- Retenção de águas pluviais (por exemplo, calhas separadas)
- Conceção paisagística para o controlo da erosão
- Reciclagem e eliminação correcta de produtos químicos e resíduos domésticos
- Manutenção adequada dos sistemas sépticos no local para reduzir a carga de nutrientes
- gestão de transbordos de esgotos combinados
- Plantação de vegetação e melhoria das zonas ribeirinhas dos riachos do bairro
- Varredura de ruas para reduzir a carga de sólidos em suspensão e diminuir a contaminação por metais pesados e fósforo dos cursos de água receptores
- desenvolvimento planeado em declives acentuados
- Quantidade limitada de superfície impermeável
- maior utilização de agrupamentos de empresas
- Utilização de regulamentos de controlo da erosão, especialmente nos locais de construção.

As actividades agrícolas incluem utilizações do solo como pomares, viveiros, produção de culturas, confinamentos e pastoreio. A maior parte da poluição de origem não pontual das práticas agrícolas provém da erosão ou da contaminação química das águas receptoras. As medidas de controlo mais eficazes para combater a poluição de origem não pontual relacionada com a agricultura incluem

- Proteção e melhoria das zonas ribeirinhas
- práticas de gestão revistas para o pastoreio de gado e o manuseamento de estrume.

As práticas de silvicultura conduzem geralmente a problemas de poluição de fontes não pontuais, como a erosão do solo e a contaminação química. As medidas de controlo mais eficazes para resolver estes problemas incluem:

- Assistência técnica aos proprietários de terras

- Limites à construção e gestão de estradas
- utilização de normas de controlo da erosão
- Controlos de aplicação de produtos químicos (pesticidas e herbicidas)
- Proteção e melhoria das zonas ribeirinhas.

Este facto acentua a necessidade de bacias hidrográficas mais saudáveis. Bacias hidrográficas mais saudáveis abrandariam o escoamento, aumentariam a percolação nos aquíferos subterrâneos, diminuiriam o assoreamento dos cursos de água e prolongariam o período de caudal dos rios.

A gestão das bacias hidrográficas funcionou durante mais de um século em Tirunelvelli, onde as bacias hidrográficas recuperaram, resultando numa melhoria do caudal dos cursos de água em menos de cinco anos, quando o pastoreio do gado e a extração de madeira para combustível foram eliminados. O Conselho de Conservação de Palni Hills (PHCC) verificou que as bacias hidrográficas da Floresta de Reserva de Karavakurichi melhoraram em apenas dois anos, quando os apanhadores de lenha passaram a ter um emprego alternativo em viveiros de árvores. São relatadas histórias de sucesso semelhantes em distritos áridos e secos como Ananthpur.

Embora os rios, lagos e zonas húmidas contenham apenas 0,01% da água da Terra, estes ecossistemas suportam uma parte desproporcionadamente grande da biodiversidade global. Os peixes de água doce representam, só por si, cerca de um quarto de todas as espécies de vertebrados vivos e estima-se que existam 44 000 espécies de biota de água doce cientificamente designadas. A contagem das espécies ameaçadas de extinção indica que a biodiversidade de água doce está geralmente mais ameaçada do que a biodiversidade terrestre. Por exemplo, das espécies

Na Lista Vermelha da União Mundial para a Conservação da Natureza (UICN) para 2000, 20% dos anfíbios e 30% dos peixes (maioritariamente de água doce) foram considerados ameaçados. A biodiversidade de água doce enfrenta uma vasta gama de ameaças. Estas incluem os impactos directos de barragens, espécies exóticas, sobrepesca, poluição, canalização de cursos de água, captação de água e desvios, bem como as consequências indirectas de actividades terrestres como a exploração madeireira, a agricultura, a indústria, o desenvolvimento habitacional e a exploração mineira (Prasad et al., 2002). É necessário desenvolver e implementar estratégias de conservação para proteger a biodiversidade da água doce. A Estratégia de Conservação Aquática centra-se na conservação e manutenção da saúde ecológica das bacias hidrográficas e dos ecossistemas aquáticos, de modo a (Ramachandra, T.V. et al, 2002):

- Manter e conservar a distribuição, diversidade e complexidade das características das bacias hidrográficas e à escala da paisagem para garantir a proteção dos sistemas aquáticos aos quais as espécies, populações e comunidades estão singularmente adaptadas.

- Manter e conservar a conetividade espacial e temporal dentro e entre bacias hidrográficas. As ligações laterais, longitudinais e da rede de drenagem incluem planícies de inundação, zonas húmidas, zonas de encosta e afluentes de cabeceira. Estas ligações devem proporcionar rotas química e fisicamente desobstruídas para áreas críticas para o cumprimento dos requisitos do historial de vida das espécies aquáticas e dependentes das zonas ribeirinhas.

- Manter e restaurar a integridade física do sistema aquático, incluindo as linhas de costa, as margens e as configurações do fundo.

- Manter e preservar a qualidade da água necessária para suportar ecossistemas ribeirinhos, aquáticos e de zonas húmidas saudáveis. A qualidade da água deve permanecer numa gama que mantenha a integridade biológica, física e química do sistema e beneficie a sobrevivência, o crescimento, a reprodução e a migração dos indivíduos que compõem as comunidades aquáticas e ribeirinhas.

- Manter o regime de sedimentos sob o qual um ecossistema aquático evoluiu. Os elementos do regime sedimentar incluem o tempo, volume, taxa e carácter da entrada, armazenamento e transporte de sedimentos.

• Manter caudais suficientes para criar e manter habitats ribeirinhos, aquáticos e de zonas húmidas e para reter padrões de encaminhamento de sedimentos, nutrientes e madeira (ou seja, movimento de detritos lenhosos através do sistema aquático). O momento, a magnitude, a duração e a distribuição espacial dos caudais máximos, altos e baixos devem ser protegidos.

• Manter o calendário, a variabilidade e a duração da inundação das planícies aluviais e a elevação do nível do lençol freático nos prados e zonas húmidas.

• Manter e conservar a composição de espécies e a diversidade estrutural das comunidades vegetais nas zonas ribeirinhas e nas zonas húmidas para proporcionar uma regulação térmica adequada no verão e no inverno, filtrar os nutrientes a taxas adequadas de erosão superficial, erosão das margens e migração do canal, e fornecer quantidades e distribuições de detritos lenhosos grosseiros suficientes para manter a complexidade física e a estabilidade.

• Manter e conservar o habitat para suportar populações bem distribuídas de espécies nativas dependentes de plantas, invertebrados e vertebrados das zonas ribeirinhas.

• A conservação e a gestão dos ecossistemas aquáticos requerem uma investigação colaborativa que envolva estudos naturais, sociais e interdisciplinares destinados a compreender e os vários componentes, tais como a monitorização da qualidade da água, a dependência socioeconómica, a biodiversidade e outras actividades, como um instrumento indispensável para a formulação de estratégias de conservação a longo prazo (Kiran & Ramachandra, 1999). Isto requer profissionais com formação multidisciplinar que possam difundir a compreensão da importância do ecossistema nas escolas locais, faculdades e instituições de investigação, iniciando programas educativos destinados a aumentar os níveis de sensibilização do público e a compreensão da restauração, objectivos e métodos do ecossistema aquático. As escolas e os colégios que participam ativamente nas proximidades das massas de água podem valorizar a oportunidade de proporcionar educação ambiental prática, o que pode implicar a criação de instalações laboratoriais no local. A monitorização regular das massas de água (com instalações laboratoriais permanentes) forneceria contributos vitais para a conservação e gestão.

A recuperação de bacias hidrográficas deve ser parte integrante do programa de conservação para ajudar a recuperar o habitat, o habitat ribeirinho e a qualidade da água. As componentes mais importantes de um programa de recuperação aquática são o controlo e a prevenção da poluição e da produção de sedimentos, a recuperação do estado da vegetação ribeirinha e a recuperação da complexidade do habitat no curso de água (Ahalya, N. & Ramachandra, T.V., 2001).

1.7 Restauração dos ecossistemas aquáticos

Devido a várias actividades antropogénicas para satisfazer as necessidades de uma população em crescimento, a degradação dos ecossistemas de água doce por uma variedade de factores de stress aumentou logaritmicamente. Em consequência, muitos ecossistemas aquáticos necessitam de medidas correctivas drásticas: a restauração. A restauração é o "regresso de um ecossistema a uma situação próxima do seu estado anterior à perturbação" ou o restabelecimento das funções aquáticas anteriores à perturbação e das características físicas, químicas e biológicas relacionadas (Gwin et al., 1999; Lewis, 1989; NRC, 1992; Race, M.S. & M.S. Fonseca, 1996). Trata-se de um processo holístico que não é conseguido através da manipulação isolada de elementos individuais. O objetivo é emular um sistema natural e autorregulador que esteja ecologicamente integrado na paisagem em que ocorre. Frequentemente, a recuperação requer um ou mais dos seguintes processos: reconstrução das condições físicas anteriores, ajustamento químico do solo e da água; e manipulação biológica, incluindo a reintrodução de flora e fauna nativas ausentes (Zedler, J., 1996).

Estes princípios centram-se em questões científicas e técnicas, mas, tal como em todas as actividades de gestão ambiental, deve ser considerada a importância das perspectivas e valores da comunidade. A coordenação com a população e as organizações locais que podem ser afectadas pelo projeto pode ajudar a obter o apoio necessário para pôr o projeto em marcha e garantir a proteção a longo prazo da área recuperada. Além disso, a parceria com todas as partes interessadas pode também acrescentar recursos úteis, que vão desde as finanças e os conhecimentos técnicos até à ajuda voluntária na implementação e monitorização (Ramachandra T.V., 2001). Os princípios da restauração são:

• Preservar e proteger os recursos aquáticos: Os ecossistemas existentes, relativamente intactos, são a pedra angular da conservação da biodiversidade e fornecem a biota e outros materiais naturais necessários para a recuperação dos sistemas afectados.

• Restaurar a integridade ecológica: A integridade ecológica refere-se ao estado de um ecossistema, nomeadamente a estrutura, a composição e os processos naturais das suas comunidades bióticas e do seu ambiente físico.

• Restaurar a estrutura natural: Muitos recursos aquáticos que precisam de ser restaurados têm problemas que se originaram com a alteração prejudicial da forma do canal ou outras características físicas, que por sua vez podem ter levado a problemas como a degradação do habitat, mudanças nos regimes de fluxo e assoreamento.

• Restaurar a função natural: A estrutura e a função estão intimamente ligadas nos corredores fluviais, lagos, zonas húmidas, estuários e outros recursos aquáticos. O restabelecimento da estrutura natural adequada pode trazer de volta funções benéficas.

• Trabalhar no contexto da bacia hidrográfica e da paisagem mais alargada: A restauração requer um projeto baseado em toda a bacia hidrográfica, e não apenas na parte da massa de água que pode ser o local mais degradado. As actividades em toda a bacia hidrográfica podem ter efeitos adversos no recurso aquático que está a ser restaurado. Ao considerar o contexto da bacia hidrográfica neste caso, os planeadores da restauração podem ser capazes de conceber um projeto para os benefícios desejados da restauração, ao mesmo tempo que suportam ou até ajudam a remediar os efeitos dos usos adjacentes da terra no escoamento e na poluição de fontes não pontuais.

- Compreender o potencial natural da bacia hidrográfica: O planeamento da recuperação deve ter em conta quaisquer alterações irreversíveis na bacia hidrográfica que possam afetar o sistema a ser recuperado e concentrar-se na recuperação do seu potencial natural de recuperação.

- Abordar as causas actuais da degradação: Identificar as causas da degradação e eliminar ou remediar as pressões actuais sempre que possível.

- Desenvolver objectivos claros, exequíveis e mensuráveis: Os objectivos orientam a implementação e fornecem os padrões para medir o sucesso. Os objectivos escolhidos devem ser alcançáveis do ponto de vista ecológico, tendo em conta o potencial natural da zona, e do ponto de vista socioeconómico, tendo em conta os recursos disponíveis e o grau de apoio da comunidade ao projeto.

- Concentrar-se na viabilidade, tendo em conta considerações científicas, financeiras, sociais e outras.

- Antecipar mudanças futuras: Como o ambiente e as nossas comunidades são dinâmicos, muitas mudanças ecológicas e sociais previsíveis podem e devem ser tidas em conta no projeto de restauro.

- Envolver as competências e os conhecimentos de uma equipa multidisciplinar: Universidades, agências governamentais e organizações privadas podem fornecer informações e conhecimentos úteis para ajudar a garantir que os projectos de restauro se baseiam em planos equilibrados e completos.

- Conceber para a auto-sustentabilidade: Assegurar a viabilidade a longo prazo de uma área restaurada, minimizando a necessidade de manutenção contínua do sítio. Para além de limitar a necessidade de manutenção, a conceção para a auto-sustentabilidade também implica favorecer a integridade ecológica, uma vez que um ecossistema em boas condições tem mais probabilidades de se adaptar às mudanças.

- Utilizar o restauro passivo, quando adequado: Simplesmente reduzindo ou

A eliminação das fontes de degradação e o tempo de recuperação permitirão que o local se regenere naturalmente. Em alguns rios e ribeiros, a recuperação passiva pode restabelecer canais e planícies aluviais estáveis, voltar a cultivar a vegetação ribeirinha e melhorar os habitats no interior dos ribeiros sem um projeto de recuperação específico. A restauração passiva depende principalmente de processos naturais e ainda é necessário analisar as necessidades de recuperação do local e determinar se o tempo e os processos naturais podem satisfazê-las.

• Restaurar as espécies nativas e evitar as espécies não nativas: Muitas espécies invasoras competem com as espécies autóctones porque são especialistas na colonização de zonas perturbadas e não dispõem de controlos naturais.

• Utilizar soluções naturais e técnicas de bioengenharia, sempre que possível: A bioengenharia é um método de construção que combina plantas vivas com plantas mortas ou materiais inorgânicos, para produzir sistemas vivos e funcionais que previnem a erosão, controlam os sedimentos e outros poluentes e proporcionam habitat. Estas técnicas seriam bem sucedidas no controlo da erosão e na estabilização das margens, na atenuação das inundações e até no tratamento da água.

• Monitorizar e adaptar as mudanças necessárias: O acompanhamento antes e durante o projeto é crucial para saber se os objectivos estão a ser alcançados. Se não estiverem, devem ser feitos ajustes "a meio do percurso" do projeto. A monitorização pós-projeto ajudará a determinar se são necessárias acções ou ajustes adicionais e pode fornecer informações úteis para futuros esforços de restauro. Este processo de monitorização e ajustamento é conhecido como gestão adaptativa. Os planos de monitorização devem ser viáveis em termos de custos e tecnologia, e devem sempre fornecer informações relevantes para atingir os objectivos do projeto.

Estes princípios centram-se em questões científicas e técnicas, mas tal como em todas as actividades de gestão ambiental, a importância das perspectivas e valores da comunidade não deve ser negligenciada. A presença ou ausência de apoio público para um projeto de restauração pode ser a diferença entre resultados positivos e fracasso. A coordenação com as pessoas e organizações que podem ser afectadas pelo projeto pode ajudar a criar o apoio necessário para fazer avançar o projeto e garantir a proteção a longo prazo da área restaurada (Ramachandra, T.V. et al., 2002). Assim, um sistema hídrico sustentável engloba questões como:

• Ambiente: proteção das bacias hidrográficas, equilíbrio dos ecossistemas, águas residuais e bio-sólidos.

• Comunidade: abastecimento de água suficiente e fiável, participação no planeamento e utilização recreativa da água.

• Economia: Evolução e diversificação, crescimento sustentável e a longo prazo. No âmbito desta visão global, o sistema de gestão da água exigirá, entre outras medidas, a adoção das seguintes acções

• Através de parcerias estratégicas entre agências nacionais, agências provinciais e departamentos municipais locais.

• Desenvolvimento de fontes alternativas de água - água tratada, dessalinização, água da chuva e reutilização da água.

• Implementação de novas tecnologias para as taxas de água/ sistemas de medição, deteção de fugas e auditoria da água.

• Envolver a comunidade através da educação, dos processos de planeamento local e regional e da sensibilização de grupos culturais e comunitários.

• Investigações científicas que envolvem a monitorização de aquíferos, o estudo do ambiente marinho costeiro, a previsão da oferta e da procura e a prevenção da poluição.

Os principais componentes do sistema de gestão da água incluem:

• Otimização do abastecimento, incluindo avaliações das reservas de águas superficiais e subterrâneas, balanços hídricos, reutilização de águas residuais e impactos ambientais das opções de distribuição e utilização.

• Gestão da procura, incluindo políticas de recuperação de custos, tecnologias de eficiência na utilização da água e autoridade descentralizada de gestão da água.

• Acesso equitativo aos recursos hídricos através de uma gestão participativa e transparente, incluindo o apoio a associações eficazes de utilizadores da água, o envolvimento de grupos marginalizados e a consideração das questões de género.

• Melhoria dos *quadros* políticos, *regulamentares e institucionais, tais como a* aplicação do princípio do poluidor-pagador, normas e padrões de qualidade da água e mecanismos regulamentares baseados no mercado.

• Abordagem intersectorial da tomada de decisões e combinação da autoridade com a responsabilidade pela gestão dos recursos hídricos.

A qualidade e a quantidade da água estão a tornar-se cada vez mais factores críticos de desenvolvimento socioeconómico em muitas partes do mundo. Um dos marcos na gestão dos recursos hídricos e das fronteiras internacionais e transnacionais foi a reunião e o acordo sobre a gestão transfronteiriça da água, assinado em Helsínquia em 1966 (ILC Helsínquia, 1966).

A regra de Helsínquia, desenvolvida pela Associação de Direito Internacional em 1966 (ver anexo), é a seguinte

1. A geografia da bacia, incluindo , em especial , a extensão da

área de drenagem no território de cada Estado da bacia;

2. A hidrologia da bacia, incluindo, em especial, a contribuição de água de cada Estado da bacia;

3. O clima que afecta a bacia;

4. A utilização anterior das águas da bacia, incluindo, nomeadamente, a utilização atual;

5. As necessidades económicas e sociais de cada Estado da bacia;

6. A população dependente das águas da bacia de cada Estado;

7. Os custos comparativos dos meios alternativos para satisfazer as necessidades económicas e sociais de cada Estado da bacia;

8. A disponibilidade de outros recursos;

9. Evitar desperdícios desnecessários na utilização das águas da bacia;

10. A possibilidade de compensação a um ou mais Estados da bacia hidrográfica como forma de resolver conflitos entre utilizadores; e

11. O grau em que as necessidades de um Estado da bacia podem ser satisfeitas sem causar um prejuízo substancial a um Estado da co-bacia.

1.8 Opções políticas

O aumento das populações humanas, associado ao desenvolvimento agrícola e industrial, aumenta as necessidades de água. A crescente necessidade de alimentos em zonas de clima seco aumenta a necessidade de irrigação, pelo que a água e os sistemas de abastecimento de água estão a tornar-se cada vez mais motivos de conflito. O desenvolvimento e a aplicação de um sistema de gestão integrada dos recursos hídricos abrangente e virado para o futuro devem incluir a legislação sobre a água como uma componente integral. Isto é especialmente importante em situações a montante e a jusante, em que os conflitos de utilização da água são cada vez mais inevitáveis.

É evidente, com base nos recentes conflitos sobre a água, que o que tem de ser partilhado entre os que estão a montante e os que estão a jusante de uma bacia hidrográfica não é a água que vai atualmente para o rio (como sugerido pelas autoridades competentes), mas sim a precipitação sobre a bacia hidrográfica (que tem em conta o período de escassez de precipitação) e as soluções devem *basear-se* em economia sólida, na ciência e num compromisso político esclarecido e reforçado. Em resumo, a política:

- . Define a titularidade legal da água e identifica os direitos e obrigações associados à utilização da água, fornecendo assim os parâmetros normativos para o seu desenvolvimento.

- . fornece o quadro para garantir a integridade contínua do regime (ou seja, controlo, regulamentação, conformidade, prevenção e resolução de litígios).

- . Permite a modificação racional dos regimes existentes (ou seja, para satisfazer necessidades em evolução).

As questões relativas ao desenvolvimento dos recursos hídricos devem ser consideradas num contexto global.

Nos conflitos entre utilizadores a montante e a jusante, o cenário a todos os níveis (nacional, regional e internacional) é muito semelhante: o utilizador a jusante desenvolve-se geralmente primeiro e faz questão de preservar perpetuamente essas utilizações antigas. O utilizador a montante é, assim, colocado na situação pouco invejável de justificar a legitimidade de novas utilizações, que quase certamente afectarão negativamente as utilizações existentes a jusante. O planeamento (a formulação de planos e políticas) é um meio importante e muitas vezes indispensável para apoiar e melhorar a gestão operacional. O planeamento tem seis funções relacionadas, tais como

- Avaliar a situação atual (incluindo a identificação de conflitos e prioridades), formular visões, definir objectivos e metas, e assim orientar a gestão operacional.

- Fornecer um quadro para organizar a investigação relevante para as políticas e a participação do público.

- Aumentar a legitimidade, a aceitação pública ou mesmo o apoio à gestão operacional.

- Facilitar a interação e o debate entre os gestores e as partes interessadas, oferecer um ponto de referência comum (o plano ou a política) e, assim, assegurar a coordenação. O planeamento deve envolver, num quadro sistémico, todos os fenómenos, instituições e questões que afectam a atribuição e a proteção das águas interiores. Não deve resultar em efeitos negativos noutros recursos naturais e deve ter em conta as ligações com planos de gestão da biodiversidade, proteção costeira, saúde dos oceanos e saúde e bem-estar humanos.

• O planeamento deve ser orientado e coerente e ser proporcional aos recursos disponíveis para a execução. O planeamento deve ter por base os problemas reais a resolver e ser realista.

• Os sistemas de planeamento devem ser avaliados para verificar se cumprem o seu objetivo; os sistemas de planeamento não devem ser considerados como um dado adquirido; dadas as diferenças entre situações problemáticas e culturas, os sistemas de planeamento devem refletir a situação local.

1.9 Gestão integrada dos ecossistemas aquáticos

A gestão integrada dos ecossistemas aquáticos exige um estudo adequado, uma boa compreensão e uma gestão eficaz dos sistemas hídricos e das suas relações internas (águas subterrâneas, águas superficiais e águas de retorno; quantidade e qualidade; componentes bióticos; a montante e a jusante). Os sistemas hídricos devem ser estudados e geridos como parte do ambiente mais vasto e em relação às exigências e potencialidades socioeconómicas, reconhecendo o contexto político e cultural. A própria água deve ser vista como um recurso social, ambiental e económico, e cada um destes três aspectos deve ser representado no discurso político. Este discurso deve refletir os interesses das comunidades e populações locais, os seus meios de subsistência e os seus ambientes aquáticos. Os utilizadores e gestores a todos os níveis devem poder dar o seu contributo. O objetivo da gestão integrada dos sistemas aquáticos é assegurar a utilização multifuncional sustentada do sistema. As necessidades básicas de água das pessoas e dos ecossistemas devem ser satisfeitas em primeiro lugar. Os processos ecológicos e físicos essenciais devem ser protegidos. Além disso, deve ser dada toda a atenção aos efeitos sobre as massas de água receptoras (mares, lagos, deltas, zonas costeiras). Os pontos seguintes (Ramachandra, T.V. et al., 2002) devem ser sublinhados como cruciais para uma gestão sustentável:

• Deve ser aplicado a nível da bacia hidrográfica. A bacia hidrográfica é a mais pequena unidade hidrológica completa de análise e gestão. A gestão integrada das bacias hidrográficas (GCI) torna-se, por conseguinte, a abordagem operacional prática. Embora esta abordagem seja obviamente correcta e tenha uma ampla aceitação, deve evitar-se uma interpretação demasiado restrita.

• A descentralização deve ser prosseguida tanto quanto possível, a fim de aproximar a gestão das bacias hidrográficas dos cidadãos e facilitar a variação local em resposta às diferentes condições e preferências locais. A descentralização também é possível no caso de tarefas de âmbito supralocal, se os governos descentralizados em causa cooperarem (por exemplo, panchayaths numa bacia hidrográfica) ou se forem supervisionados por um organismo governamental de nível superior. O processo deve ser transparente, faseado e planeado.

• É fundamental integrar a gestão da água e do ambiente. Este princípio é amplamente e fortemente apoiado. A gestão integrada dos ecossistemas aquáticos pode ser reforçada através da integração dos Estudos de Impacto Ambiental (EIA), da modelação dos recursos hídricos e do planeamento do uso do solo. Também deve ser entendido que uma abordagem de bacia hidrográfica implica que a água deve ser gerida juntamente com a gestão dos recursos naturais co-dependentes, nomeadamente o solo, as florestas, o ar e o biota.

• Através de uma abordagem de sistemas. Uma verdadeira abordagem de sistemas reconhece os componentes individuais, bem como as ligações entre eles, e que uma perturbação num ponto do sistema se traduzirá noutras partes do sistema. Por vezes, o efeito noutra parte do sistema pode ser indireto e pode ser atenuado devido à resiliência natural e às perturbações. Por vezes, o efeito será direto, significativo e pode aumentar de grau à medida que se desloca através do sistema. Embora a análise de sistemas seja adequada, devem ser evitadas análises e modelos demasiado complexos para serem traduzidos em conhecimentos úteis.

• A única forma de gestão de bacias hidrográficas que afecta diretamente a bacia hidrográfica e os seus utilizadores é a gestão operacional (a aplicação de instrumentos de política regulamentar, económica e de comunicação e actividades concretas como a gestão de infra-estruturas). Por conseguinte, deve desempenhar um papel central em qualquer estratégia de gestão de bacias hidrográficas. O planeamento, as políticas, os instrumentos analíticos e os sistemas institucionais desempenham um papel essencial como decisores e facilitadores. Podem melhorar a gestão operacional, promover uma abordagem a longo prazo inter-setorial e à escala da bacia e, deste modo, promover a utilização multifuncional sustentada das bacias em causa (Rajinikanth, R. & Ramachandra, T.V., 2001).

- Os instrumentos comunicativos de gestão operacional, como os acordos voluntários, podem contribuir para melhorar a aplicação dos planos e das políticas de bacia hidrográfica, mas só funcionam em relação aos mecanismos de regulação e de cumprimento.

- Os direitos negociáveis sobre a água podem ser um instrumento importante para a gestão das bacias hidrográficas, mas só são eficazes se estiverem reunidas várias condições:

i) As necessidades básicas de água dos cidadãos e dos ecossistemas são salvaguardadas,

ii) Os direitos devem ser definidos e acordados.

iii) A utilização dos direitos deve ser fisicamente possível.

iv) O monopólio deve ser evitado.

- Participação plena de todas as partes interessadas, incluindo os trabalhadores e a comunidade.

Isto implicará novas disposições institucionais. Deve existir um elevado nível de autonomia, mas este deve, ao mesmo tempo, estar associado à transparência e à responsabilidade por todas as decisões. Deve-se ter o cuidado de garantir que os participantes em qualquer estrutura de gestão de bacias hidrográficas representam efetivamente um determinado grupo ou sector da sociedade. É também importante assegurar que os representantes dão feedback aos círculos eleitorais que representam. A gestão integrada do ecossistema aquático procura combinar interesses, prioridades e disciplinas como um processo de planeamento e gestão de múltiplos intervenientes para os recursos naturais dentro do ecossistema da bacia de captação, centrado na água. Impulsionada de baixo para cima pelas necessidades e prioridades locais, e de cima para baixo pelas responsabilidades regulamentares, deve ser adaptável, evoluindo dinamicamente com a mudança das condições:

- Atenção às dimensões sociais. Isto exige que se preste atenção, entre outras coisas, à utilização de avaliações do impacto social, de indicadores do local de trabalho e de outros instrumentos para garantir a aplicação da dimensão social de uma política sustentável no domínio da água. Tal incluirá a promoção do acesso equitativo, o reforço do papel das mulheres e as implicações da mudança para o emprego e o rendimento.

- Capacitação. A muitos níveis do processo - mesmo a nível governamental - os actores não têm os conhecimentos e competências necessários para a aplicação plena da gestão integrada dos ecossistemas aquáticos. Os actores comunitários podem não estar familiarizados com o conceito de gestão de recursos hídricos, gestão de bacias hidrográficas, governação corporativa e o seu papel nestes. As categorias de capacitação incluem educação e consciencialização sobre a água; recursos de informação para a elaboração de políticas; regulamentos e conformidade; infra-estruturas básicas; e estabilidade do mercado. A colaboração e comunicação precoce e contínua dos intervenientes no desenvolvimento de capacidades também é importante do ponto de vista de "nivelar o campo de ação" em antecipação de disputas que possam surgir. O preenchimento de lacunas estratégicas de competências/capacidades apoia a gestão integrada dos ecossistemas aquáticos, facilita a resolução de disputas e cria uma compreensão prática do âmbito dos desafios e oportunidades do desenvolvimento sustentável dos recursos naturais.

- A capacidade de todas as instituições tem de ser mantida e/ou desenvolvida através de programas a curto e longo prazo (incluindo formação pós-graduada e desenvolvimento de currículos).

- Disponibilidade de informação e capacidade de a utilizar para elaborar políticas e prever respostas. Isto implica, em primeiro lugar, informação suficiente sobre as características hidrológicas, biofísicas, económicas, sociais e ambientais de uma bacia hidrográfica para permitir escolhas políticas informadas; e, em segundo lugar, alguma capacidade para prever as respostas mais importantes do sistema de captação a factores como descargas de efluentes, poluição difusa, alterações nas práticas agrícolas ou outras práticas de utilização dos solos e a construção de estruturas de retenção de água. Esta última depende da adequação dos modelos científicos. Reconhece-se que a previsão da resposta dos ecossistemas a perturbações com um grau de confiança razoável está a exigir muito das capacidades científicas actuais, estimulando a investigação em curso.

- Fixação de preços a custo total complementada por subsídios específicos. Este princípio foi fortemente defendido pelo Conselho Mundial da Água em Haia; o raciocínio é que os utilizadores não valorizam a água fornecida gratuitamente ou quase gratuitamente e não têm incentivos para conservar a água. Este princípio foi objeto de um amplo apoio, mas também de uma oposição significativa por parte daqueles que consideravam que os interesses dos pobres poderiam não ser suficientemente protegidos, mesmo com um sistema de subsídios associado, por muito bem concebido que fosse. Os opositores defendiam que a tarifação a custo total, quando aplicada no seu sentido mais restrito, ofende o princípio de que a água é um bem público, um direito humano, e não apenas um bem económico. Reiterando: A sustentabilidade económica dos serviços de água e saneamento depende, em grande medida e de forma adequada, da recuperação dos custos através de taxas ou tarifas de utilização que são equitativamente atribuídas com base na capacidade de pagamento. Em muitos locais, os utilizadores marginalizados, mal servidos ou não servidos, já pagam custos financeiros elevados por não terem água canalizada segura, por exemplo, porque são obrigados a pagar a água transportada pelos fornecedores. Esta água pode ser de qualidade duvidosa, mas é cara.

- As taxas são um meio eficaz e eficiente de financiar a gestão dos ecossistemas aquáticos (recuperação dos custos) e de reduzir a utilização da água e a poluição, desde que sejam salvaguardadas as necessidades básicas dos pobres em matéria de água, por exemplo, através de tarifas de bloco.

• Apoio do governo central através da criação e manutenção de um ambiente propício. O papel do governo central na gestão integrada das bacias hidrográficas deve ser de liderança, com o objetivo de facilitar e coordenar o desenvolvimento e a transferência de competências e de prestar assistência a grupos e indivíduos locais através de aconselhamento técnico e apoio financeiro. Nos casos em que áreas específicas de responsabilidade não se enquadram no mandato de um único departamento governamental, são necessárias disposições institucionais adequadas para garantir uma colaboração interdepartamental efectiva.

• Os regimes e instituições tradicionais devem ser reconhecidos e integrados na gestão dos ecossistemas aquáticos. Adoção das melhores tecnologias e práticas existentes BMPs (melhores práticas de gestão).

• Financiamento fiável e sustentado. Para assegurar a implementação bem sucedida de abordagens de gestão integrada do ecossistema aquático, deve haver um compromisso claro e a longo prazo por parte do governo para fornecer apoio financeiro e de recursos humanos. Isto é complementado pelo rendimento de um mercado saudável de água e saneamento, especialmente quando os fornecedores locais de bens e serviços que apoiam o sector da água são actores activos e quando há um reinvestimento ativo no sector.

• Afetação equitativa dos recursos hídricos. Isto implica uma melhor tomada de decisões, informada do ponto de vista técnico e científico, e pode facilitar a resolução de conflitos sobre questões contenciosas. Existem ferramentas (por exemplo, a análise multicritério) para ajudar a tomada de decisões em termos de equilíbrio entre considerações sociais, ecológicas e económicas. Estes instrumentos devem ser testados e aplicados.

• O reconhecimento da água como um bem económico. O reconhecimento da água como um bem económico é fundamental para conseguir uma atribuição equitativa e uma utilização sustentável. A atribuição de recursos hídricos deve ser optimizada em função dos benefícios e dos custos e ter como objetivo maximizar os benefícios da água para a sociedade por unidade de custo. Por exemplo, os usos de baixo valor podem ser redistribuídos para usos de maior valor, como o abastecimento básico de água potável, se a qualidade da água o permitir. Do mesmo modo, a água de qualidade inferior pode ser afetada a utilizações agrícolas ou industriais.

• Poderá haver um papel distinto para as entidades privadas (públicas ou privadas) na prestação de serviços de água e na gestão da água. A propriedade privada das infra-estruturas hídricas é uma questão controversa que deve ser cuidadosamente explorada.

• Reforçar o papel das mulheres na gestão da água. Uma análise do Banco Mundial de 121 projectos hídricos mostrou que garantir a participação das mulheres na tomada de decisões afecta positivamente tanto a qualidade como a sustentabilidade dos projectos.

• As inundações não só causam sofrimento como também sustentam a vida. A gestão das inundações não deve basear-se apenas na construção de diques e barragens. Deve basear-se em estratégias que utilizem métodos estruturais e não estruturais. A estratégia deve equilibrar todos os interesses envolvidos e basear-se numa avaliação integrada dos custos e benefícios ambientais, económicos e humanos destas alternativas, incluindo a sua potencial contribuição para a mitigação da seca e as possibilidades que oferecem à natureza.

• O objetivo final do controlo da poluição é fechar os ciclos das substâncias e, desta forma, evitar a poluição. Para avançar nesta direção e resolver problemas urgentes de poluição, pode ser utilizada uma combinação de instrumentos de regulamentação e cumprimento: controlo de resíduos, normas de processos e emissões e uma abordagem da qualidade da água. A combinação exacta deve refletir, entre outras coisas, a capacidade de gestão local e a disponibilidade de dados sobre a qualidade da água e outros dados (Ramachandra T.V, et al., 2001).

• A gestão eficaz dos ecossistemas aquáticos exige dados, informações e conhecimentos sólidos, incluindo dados sobre as águas superficiais e subterrâneas (quantidade e qualidade) e dados sociais e económicos. A recolha e o processamento de dados relevantes, a fácil acessibilidade e a ampla divulgação são tarefas eminentes da gestão das bacias hidrográficas. Para aumentar a relevância política, os dados devem ser agregados em informações significativas, por exemplo, sob a forma de indicadores e sistemas de avaliação comparativa. O controlo do cumprimento (comunicação, revisão e avaliação) é muito importante para promover a execução dos planos.

• O desenvolvimento e a gestão sustentáveis dos recursos aquáticos dependem principalmente de um planeamento, implementação, operação e manutenção adequados, o que é possível com o Sistema de Informação Geográfica (SIG) e as técnicas de Deteção Remota, que complementam e suplementam a recolha de dados no terreno em várias facetas de diferentes tipos de projectos de recursos hídricos. A cobertura sinóptica repetitiva de grandes áreas proporcionada pelos sensores de satélite fornece uma base de dados adequada.

• Para apoiar a gestão dos ecossistemas aquáticos, deve ser desenvolvido um novo modelo analítico que possa agregar as potencialidades socioeconómicas, políticas, institucionais e tecnológicas e os constrangimentos hidrológicos. Este modelo deve, além disso, ser capaz de avaliar a capacidade real de gestão.

• Para apoiar o planeamento estratégico, devem ser desenvolvidos métodos √o⁄· suporte analítico que:

i) abranger a totalidade da bacia e todos os impactos significativos;

ii) Considerar especificamente os processos socioeconómicos que afectam a bacia;

iii) Prever os efeitos socioeconómicos de estratégias alternativas; e

iv) Apresentar as questões de forma a que as pessoas as possam compreender.

• Os métodos de apoio analítico devem, além disso, refletir o facto de a análise política nunca se poder basear apenas em informações quantitativas. Além disso, estes métodos devem ser transparentes e flexíveis, promover a aprendizagem das políticas por todos os actores e facilitar os processos de negociação. Os métodos adequados podem incluir a análise política argumentativa e a representação de papéis apoiada por um modelo informático do sistema natural e dos efeitos socioeconómicos.

- Há um grande papel/para sistemas e redes de informação descentralizados e adequados que podem promover a interação entre sectores, fornecer uma base para estudos técnicos consistentes, ajudar a comunicação com o público e estimular a participação.

- A implementação dos princípios gerais da gestão integrada do ecossistema aquático requer uma abordagem cíclica de desenvolvimento de políticas. Esta abordagem incluiria os seguintes passos - Avaliação das instituições, necessidades e recursos, planeamento, implementação, monitorização do cumprimento e avaliação.

1.10 Referências

Ahalya, N. e Rarnachandra, T.V. 2001. Restauração e Conservação de Zonas Húmidas - O quê, como e porquê. Tw.· Proceedings of Enviro 2001- Conferência Nacional sobre Controlo da Poluição Industrial e Degradação Ambiental, 14-15 de setembro de 2001.

Ahalya N. e Ramachandra T.V.2002. Conservação do ecossistema aquático através de abordagens de bacias hidrográficas. Karnataka Environment Research Foundation *Newsletter,* Número 4, agosto de 2002.

Clarke, R. 1994. The pollution of lakes and reservoirs (UNEP environment library, no. 12) Nairobi, Quénia: Programa das Nações Unidas para o Ambiente.

Gwin, S.E., Kentula, M.E. e Shaffer P.W. 1999. Avaliação dos efeitos da regulação das zonas húmidas através da classificação hidrogeomórfica e dos perfis da paisagem, Wetlands 19(3): 477-489.

Kiran, R. e Ramachandra, T. V. 1999. Status of wetlands in Bangalore and its conservation aspects, ENVIS Journal of Human Settlements, 16-24.

Lewis, R. R 1989. WetlandrestorationZcreationZenhancement terminology: Sugestões para a normalização. Wetland Creation and Restoration: The Status of the Science, Vol. II. EPA 600Z3Z89Z038B. Agência de Proteção Ambiental dos EUA, Washington, D.C.

Conselho Nacional de Investigação, 1992. Restoration of Aquatic Ecosystems: Science, Technology and Public Policy. National Academy Press, Washington, D.C.

Prasad, S.N., Ramachandra, T.V., Ahalya, N., Sengupta, T., Alok Kumar, Tiwari, A.K., Vijayan V.S. e Lalitha Vijayan 2002. Conservation of wetlands of India - a review. Tropical Ecology, 43(1): 173-186.

Race, M.S. e Fonseca, M.S. 1996. Fixar a mitigação compensatória: What will it take? Aplicações Ecológicas, 6(1): 94-101.

Rajinikanth, R. e Ramachandra, TV. 2000 Gestão eficaz de zonas húmidas utilizando SIG, In: Actas de Geoinformática 2000, 1718 de novembro de 2000, PSG College of Technology, Coimbatore, Pp 262-275.

Rajinikanth, R. e Ramachandra, T.V. 2001 River valley projects impact assessment and mitigation measures. In: Proceedings of Enviro 2001- National Conference on Control of Industrial Pollution and Environmental Degradation, Sept 14-15, 2001.

Ramachandra, T.V. 2000. Restoration and Management Strategies of Wetlands in Developing Countries, o Greendisk Environmental Journal. (Revista eletrónica internacional. URL: http://egj.libruidho.edu/egjiSvamaeha i.html)

Ramachandra, T.V., Ahaiya, M e Rajinikainh. R. 2001. Fish homicide by civic authorities: latest episode of euthanasia. *In:* Proceedings of Enviro (2001) - National Conference on Control of Industrial Pollution and Environmental Degradation, Sept 14-15, 2001.

Ramachandra, TV., Kiran R. e Ahaiya. N. 2002. Status, Conservation and Management of Wetlands. Allied Publishers Pvt Ltd, Bangalore.

Rege. S. N., Shreedhara, V., Jagadish, D. S. Singh, T S., Murthy, TV.R. e Garg, J.K. 1996, Wetlands of Karnataka (relatório do projeto). Ahmadabad; Índia: Karnataka State Remote Sensing Application Centre, Bangalore e Space Application Centre, (ISRO).

Zedler, J. 1996. Ecological issues in wetland mitigation: an introduction to the forum. Aplicação Ecológica. 6(4):33-37.

Capítulo - II Qualidade da água e eutrofização do lago Madivala na cidade de Silicon

2.0 Introdução

Nas últimas duas décadas, assistimos ao rápido desenvolvimento das tecnologias, ao aumento da população e da urbanização. Paralelamente, temos assistido a um fenómeno alarmante em todo o mundo. As principais necessidades de crescimento das nações e a corrida necticista dos indivíduos levaram à exploração dos recursos naturais sem qualquer reserva. Ameaçam o equilíbrio natural da vida e agravam o desequilíbrio da biosfera.

A poluição tem-se verificado em todos os sistemas ecológicos, em resultado da procura incessante do homem por um estilo de vida cada vez mais dinâmico. A poluição da água tornou-se uma ameaça inevitável e espalhou os seus tentáculos por todo o mundo, pondo em perigo a própria sobrevivência da vida neste planeta. 75% do globo é constituído por massas de água como rios, ribeiros, lagos, mares e oceanos. Os rios e ribeiros são os recursos mais valiosos de água doce que correm ao longo de um leito na terra em direção ao mar, são passagens de vida aquática que atravessam a terra, fluindo unidireccionalmente a jusante. Quase toda a água do mundo era de boa qualidade natural até à revolução industrial. A tecnologia industrial alimentada por combustíveis fósseis e o rápido aumento da taxa de urbanização deram início à descarga de grandes quantidades de efluentes poluentes nos cursos de água (Padma e Periakali, 1998).

A poluição dos lagos tem sido, desde o início deste século, motivo de grande preocupação para o homem, uma vez que eles têm sido a principal fonte de disponibilidade de águas para o consumo, para o cultivo dos seus alimentos e para os seus animais vivos. Nos últimos tempos, esta preocupação tem crescido a passos largos devido à cegueira que o homem tem demonstrado em relação à proteção deste valioso recurso.

A qualidade da água é geralmente determinada pelas suas características físico-químicas. É um facto bem estabelecido que os esgotos domésticos e os efluentes industriais nas águas naturais resultam em alterações da qualidade da água e em eutrofização cultural (Sexena, 1998). As outras fontes importantes de poluição da água incluem os banhos de massa, a eliminação de resíduos orgânicos, as águas rurais, o escoamento agrícola e a eliminação de águas sólidas (Tiwana, 1992) no que diz respeito à pesca nos rios, à ecologia dos jogos de água de superfície.

O papel mais importante, uma vez que a ecologia determina a habitabilidade e a abundância da flora e da fauna em diferentes secções (Mishra e Sexena, 1993), embora a contaminação da água e a deterioração do sistema aquático sejam tão antigas como a civilização, no entanto, a crescente industrialização, urbanização, desenvolvimento e actividades agrícolas trouxeram alterações irreversíveis a esses sistemas. A poluição causada por uma infinidade de actividades humanas afecta principalmente as características físico-químicas da água, levando à destruição da comunidade, perturbando as delicadas redes alimentares e deteriorando o ambiente do lago (Chandrashekar c/ αl., 2003).

Eutrofização significa produção excessiva de matéria orgânica na albufeira devido ao elevado impacto dos nutrientes. Trata-se de um processo natural que ocorre ao longo do tempo geológico e que é muito acelerado pelas actividades humanas. Devido à erosão do solo e à produção biológica, as albufeiras enchem-se normalmente de sedimentos ao longo de milhares de anos.

À medida que os lagos se enchem, a massa de água diminui, os sedimentos aumentam com o excesso de água e os nutrientes são reciclados em condições anaeróbias por difusão e, com a adição de nutrientes antropogénicos, o crescimento das algas acelera ainda mais. Eventualmente, um processo que teria ocorrido em escalas de tempo geológicas é acelerado para décadas e o lago torna-se biologicamente produtivo. O processo tem alguns efeitos indesejáveis na qualidade da água: crescimento excessivo de plantas (cor verde, diminuição da transparência, excesso de ervas daninhas), perda hipolimética de oxigénio (condições anóxicas), perda de diversidade de espécies (perda de pesca), problemas de sabor e odor (Vgas, 1986).

Nem todos os lagos eutróficos apresentam todos estes problemas de qualidade da água, mas é provável que apresentem um ou mais destes problemas. A eutrofização dos lagos e das albufeiras é o enriquecimento com nutrientes vegetais, principalmente fósforo e azoto, que entram como solutos e se ligam a partículas orgânicas e inorgânicas. O aumento do crescimento e da abundância de plantas aquáticas resulta frequentemente em reduções da qualidade da água.

Por conseguinte, a água é um meio dinâmico e a sua qualidade varia espacialmente, temporariamente. Para caraterizar qualquer massa de água, devem ser efectuados estudos sobre os principais componentes, tais como as características físico-químicas e biológicas. O presente estudo apresenta uma breve descrição da área de estudo e do programa de amostragem. Seleção do local de amostragem, técnica adoptada para a análise da água e avaliação do estado de eutrofização do lago Madivala, Bangalore.

Objectivos do estudo

A determinação das características físico-químicas da água

Avaliar o impacto da poluição orgânica através da caraterização da água

Avaliar o estado eutrófico do lago

Sugerir a medida metigativa para a medição do lago

2.1 Revisão da literatura

Será pertinente rever o trabalho citado na literatura noutros locais, tanto na Índia como no estrangeiro. De facto, todo o estudo sobre lagos, reservatórios de água e rios inclui uma excelente descrição das características físicas, químicas e biológicas da água e do seu tratamento para purificação.

Chandrasekhar c/ αl., (2003) the impact of urbanization on Bellandur Lake, Bangalore, O estudo mostra valores mais elevados de alcalinidade, CBO e CQO e baixos níveis de oxigénio dissolvido, indicando a natureza poluída do lago. A urbanização das áreas circundantes levou à descarga de esgotos domésticos e efluentes industriais no lago, o que contribuiu para as tendências observadas.

Elezabeth c/ *al.,* (2005) estudou a análise da água do lago Hussain Sagar, Hederabad, Andrapradesh, e a biorremediação de alguns poluentes por fungos. A análise físico-química e microbiana da água do lago Hussain Sagar foi efectuada utilizando métodos de análise de água padrão. Entre os parâmetros físicos testados, a condutividade da água excedeu o limite permitido. A maior parte dos parâmetros químicos e microbiológicos da amostra estavam para além dos limites permitidos, indicando que esta água estava altamente poluída e não era potável.

Hellawell (1986) trabalhou sobre indicadores biológicos de poluição de água doce e gestão ambiental. Trata-se de um livro de referência muito completo da literatura sobre os efeitos dos poluentes, os métodos de diagnóstico e os efeitos da perturbação habitável.

Himansu B. Mahanda c/ αl., (2005) estudou os parâmetros físico-químicos e biológicos do ecossistema de lagoas de água doce como indicador da poluição da água.

A lagoa de água doce da cidade de Kuchinda, como Muktair Bandh, foi selecionada para o estudo de factores físico-químicos e biológicos, dependendo da sua importância do ponto de vista da poluição e do grau de utilidade da população local. O presente estudo sobre a ecologia e as águas superficiais desta lagoa de água doce abrangeu uma série de aspectos, desde os parâmetros abióticos e bióticos até à avaliação da poluição durante nove meses em 19951996, revelando assim uma imagem real da qualidade da água da lagoa. Os resultados revelam que a lagoa está poluída.

Hosamani e Vasanth Kumar (1998) estudaram os parâmetros físico-químicos nos lagos Kukkarahalli e Dalwai, indicando uma elevada percentagem de produtos químicos no lago Kukkarahalli. A percentagem de parâmetros bioquímicos correspondentemente baixa, ambos os lagos parecem ser altamente produtivos. Esta água tem comparativamente baixo, DO, enquanto o teor de fosfato e azoto é relativamente elevado e mostra uma abundância quantitativa de florescências de plâncton que afinam a água altamente trópica.

Jockson (1989) referiu que os lagos subtropicais têm uma temperatura à superfície que nunca desce abaixo dos 4^0 C. Os lagos tróficos com temperaturas superficiais elevadas (20^0 a 30^0 C) apresentam gradientes fracos e poucas mudanças sazonais de temperatura em qualquer profundidade. A diferença de densidade da água resultante mesmo de um ligeiro gradiente térmico produz, no entanto, uma estratificação estável ao longo do ano.

Kanungo, c/ αl., (2006) estudou as características físico-químicas da lagoa Doodhadahri de Raipur, Chhattisgarh. Os valores obtidos para vários parâmetros físico-químicos como a CBO, a CQO, o azoto e o fósforo são bastante semelhantes aos de outras lagoas eutrofizadas do país. O valor mais elevado do azoto e do fósforo contribui para o enorme crescimento do fitoplâncton, pelo que a água parece verde-azulada durante todo o ano.

Krishna Ram e Ramachandra Mohan (2006) estudaram a flutuação mensal dos parâmetros físico-químicos do lago Byramangala, no distrito rural de Bangalore. O estudo revelou uma flutuação acentuada dos valores de diferentes parâmetros no lago. A água do lago Byramangala estava extremamente poluída, como indicado pelo baixo nível de DO e pela elevada carga de todos os parâmetros.

Krishna Ram e Ramachandra Mohan (2007) estudaram a variação sazonal dos parâmetros físico-químicos do lago Byramangala, distrito de Bangalore, Karnataka. Os dados físico-químicos revelam um nível muito elevado de poluição no lago e um estado eutrófico e exigem medidas urgentes para controlar a poluição e restabelecer a qualidade da água do lago.

Krishna Ram c/ *α/*,(2007) registou estudos limnológicos no lago Kolaramma, Kolar Karnataka. Os estudos concluem que o lago está poluído e que a água não pode ser utilizada para fins domésticos. O lago é impróprio para beber para animais, devido à abundância de florescimento de algas e porque a concentração de todos os parâmetros da água é elevada.

Maya c/ α/.,(2007) observou estudos limnológicos no lago Yellamallappa Chetty, Bangalore. O estudo concluiu que foram observadas alterações visíveis em muitos parâmetros de qualidade da água: concentrações elevadas de nutrientes, o aumento da incidência de proliferação de algas nocivas e os valores do índice do estado trófico indicam que o lago pode ser atualmente classificado como eutrófico.

Murthy e Susant Kumar (1994) provaram que a eutrofização tem sido uma das perturbações antropogénicas mais graves e generalizadas nos ecossistemas aquáticos e que a razão para a eutrofização do lago Chilka pode ser atribuída ao escoamento de terras de campos agrícolas que são alimentados por fertilizantes inorgânicos, medidas animais e solo noturno.

Nagarathana e Hosamani (2002) estudaram a inter-relação entre os parâmetros físico-químicos e o fitoplâncton num lago poluído (Suleker Tank) do distrito de Mandya e concluíram que o lago é eutrófico, o que é indicado pelo predomínio de espécies de algas cianofíceas.

Poole (1978) considerou que a poluição tem um efeito separado do equilíbrio entre a fotossíntese (p) e a respiração (R). No equilíbrio (P R), a composição química e biológica da água permanece inalterada, uma fase que ocorre maioritariamente apenas em águas não poluídas sem fornecimento externo de nutrientes, No_3 , So_4 e Co_2 em N_2 , NH_4 , H_2 S e CH_4 que são prejudiciais a várias espécies aquáticas e produzem odores típicos.

Rai (1993) estudou a poluição do lago Nainital e os resultados mostraram que o lago era impróprio para qualquer fim. Identificaram factores como a ocupação humana na zona de captação. O turismo e outras actividades recreativas, que determinam a qualidade do lago.

Ramalingaiah (1985) referiu que a temperatura da água natural é um dos parâmetros importantes porque regula muitas reacções físicas, químicas e biológicas. A temperatura da água altera-se consideravelmente se for alterada. Um aumento da temperatura da água é alterado. Um aumento da temperatura da água de um lago pode acelerar. A eutrofização e o processo de envelhecimento podem danificar o ecossistema sensível.

Schindler (1971) observou que ocorre um aumento da produtividade e da biomassa quando o volume de água diminui em relação à área da bacia hidrográfica.

Selvaraj e Kumar (1981) asseguraram que foram efectuados parâmetros físico-químicos e biológicos na lagoa Kalivuneer e na lagoa Thermal Kuln em Tamil Nadu. Verificou-se que as lagoas eram mesotróficas.

Singh c/ *al.,* (2007) observaram variações sazonais na qualidade da água de lagos naturais de Nainital. A presente investigação foi realizada para analisar alguns parâmetros de qualidade da água e a carga de catiões e aniões na água de vários lagos naturais, nomeadamente Naukuchiatal, Punatal, Sitatal, Ramtal, Hanumantal e Nainital, Uttaranchal, durante 2003-2005. As amostras de água foram recolhidas durante o verão e o outono e foram analisadas em relação a vários parâmetros. Verificou-se que os valores de pH variavam de neutro a ligeiramente alcalino, dentro dos limites permitidos. Entre todos os lagos estudados, em termos relativos, Nainital foi considerado o mais poluído, enquanto Punatal sofreu uma poluição mínima. A qualidade da água destes lagos diminuiu durante a estação do verão, quando se verificou o máximo de actividades turísticas. Para a conservação destes lagos, que são a glória e a beleza imaculada desta região, é necessário um controlo regular e medidas regulamentares reflectidas. É urgente proceder a um controlo regular e adotar medidas regulamentares de reflexão.

Sreekantha e Narayana (2000) estudaram as características físico-químicas do tanque de Bellandur, localizado em Bangalore, cujas actividades residenciais, industriais e comerciais nas bacias hidrográficas foram reconhecidas como fonte de poluição.

Sudharani Anand c/ αl., (2004) efectuou um estudo comparativo dos parâmetros físico-químicos e dos parâmetros do fitoplâncton do lago Hussainsagar, que foi realizado durante um período de dois anos. Uma vez que as propriedades físico-químicas influenciam o fitoplâncton, foi também avaliada a sua composição percentual em vários grupos. Os resultados, quando comparados com os dados anteriores, mostraram que o nível populacional da água do lago diminuiu em vários graus e, atualmente, todos os parâmetros se encontram dentro dos limites permitidos.

Tiwari (1999) estudou os problemas ecológicos no lago superior de Bhopal e concluiu que o lago está a ficar gravemente poluído e que os problemas enfrentados na região do lago superior de Bhopal são a erosão do solo e o assoreamento do lago, sugerindo algumas medidas para travar a degradação da qualidade da água.

Wilson (1998) estudou o impacto da eutrofização cultural do tanque Sankey, na cidade de Bangalore. Verificou-se uma grande mortalidade de peixes no tanque Sankey da cidade de Bangalore devido ao forte afluxo de águas residuais e de águas pluviais de alta temperatura. O exame físico-químico e bacteriológico periódico da água prova que a água está altamente eutrofizada e não é adequada para fins legítimos.

Yogesh shastri c/ *al.,* (2004) estudaram as características físico-químicas de uma lagoa de uma aldeia perto de Nasik de julho a dezembro de 1999. O parâmetro variou de temperatura 17-25^0 C, pH - 7.27-7.69, oxigénio dissolvido 2.61-6.64 mg/l, CO livre$_2$ 00-99 mg/l, alcalinidade 10-30 mg/l, cálcio 14.42-56.11mg/l, dureza 160-326mg/l e cloreto 176-362mg/l. Com base nos factores físico-químicos acima mencionados, pode concluir-se que a água desta lagoa é muito dura. O nível mais elevado de cálcio neste estudo confere um odor desagradável à água e torna-a imprópria para beber.

2.3 Materiais e métodos

2.3.1Área de estudo

O distrito de Bangalore está localizado no coração do Sul de Deccan, na Índia

Peninsular. Situa-se no canto sudeste do estado de Karnataka (12^0 39 - 13^0 18 N de latitude e 77^0 52 E de longitude) com uma área geográfica de cerca de 2.191 km2 e uma altitude média de 900 m acima do nível do mar. O clima do distrito goza de uma gama de temperaturas agradáveis, desde a máxima média mais elevada de 34^0 C em abril até à máxima média mais baixa de 14^0 C em janeiro. Tem duas estações chuvosas, de junho a setembro e de outubro a novembro, uma a seguir à outra, mas com regimes de vento opostos, correspondendo às monções de sudoeste e nordeste. A humidade relativa média mensal é mais baixa no mês de março (44%) e mais elevada durante os meses de junho a outubro, situando-se em média entre 80 e 85%. A precipitação média anual é de 859,6 mm e o número médio de dias de chuva é de cerca de 57. Bangalore recebe 54% da precipitação total no período da monção do sudoeste, com uma precipitação de 496 mm e 34 dias de chuva. Considerando que a monção do nordeste contribui com uma precipitação média de 241 mm e um número médio de dias de chuva de 14, a localização do distrito de Bangalore é mostrada na Fig. 1.

2.3.2Lagos de distribuição em Bangalore

Os lagos de Bangalore ocupam cerca de 4,8% da área geográfica da cidade (640 km2), abrangendo zonas urbanas e rurais (Krishna c/ αl.. 1996). Bangalore tem muitos lagos artificiais, mas não tem lagos naturais. Estes foram construídos para vários fins hidrológicos e para servir as necessidades de água potável e irrigação. No total, existiam 262 lagos na zona da cintura verde da cidade de Bangalore. O número de lagos em Bangalore diminuiu de 262 em 1960 para 81 atualmente (Lakshman Rao, 1986).

2.3.3Programa de amostragem

O estudo foi realizado durante um período de seis meses, de março a agosto de 2007. As amostras foram recolhidas em intervalos mensais em pontos de amostragem de superfície pré-determinados. A amostragem foi efectuada nas entradas do lago e nas saídas do tanque para avaliar as suas qualidades físicas e químicas.

Fig 01 Mapa do lago Madivala

2.4 Métodos laboratoriais

2.4.1pH: O pH é definido como a intensidade do carácter ácido ou básico de uma solução a uma dada temperatura. O pH é o logaritmo negativo da concentração de iões de hidrogénio. pH = - log[H^+]. Os valores de pH de 0 a 7 são cada vez mais ácidos, enquanto os valores de 7 a 14 são cada vez mais alcalinos. O princípio básico da medição electrométrica do pH é o da atividade dos iões de hidrogénio por medição potenciométrica, utilizando um elétrodo de hidrogénio padrão e um elétrodo de referência. Também se pode utilizar um elétrodo de vidro em vez do elétrodo de hidrogénio. A força eletromotriz (emf) produzida no sistema de eléctrodos de vidro varia linearmente com o instrumento de pH para a medição do pH, (Modelo: Combo) fabricado por Hanna Instruments (P) Ltd. O medidor de pH foi calibrado com soluções tampão e o instrumento foi imerso numa amostra bem misturada e as leituras foram anotadas (Ramteke e Moghe, 1988).

2.4.2Temperatura: A medição da temperatura é um parâmetro importante para se ter uma ideia da auto-purificação das albufeiras e dos lagos. A temperatura da água desempenha um papel importante na saúde dos ecossistemas aquáticos. A temperatura da água potável tem influência no seu sabor. A temperatura é medida com base no aumento dos níveis de mercúrio numa escala graduada. O método eletrométrico de medição da temperatura baseia-se nos eléctrodos sensíveis à temperatura. Instrumento para a medição da temperatura, (Modelo: Combo) fabricado por Hanna Instruments (P) Ltd. O instrumento foi imerso numa amostra de água bem agitada e as leituras (em^0 C) foram anotadas (Ramteke e MogheJ 988).

2.4.3Sólidos totais dissolvidos: Os sólidos dissolvidos totais (TDS) são os sólidos filtráveis que permanecem como resíduo após a evaporação e subsequente secagem a uma temperatura definida. Dá a medida dos iões dissolvidos na água. Na medição electrométrica dos sólidos dissolvidos totais, as medições de condutividade são utilizadas para calcular os sólidos dissolvidos totais multiplicando a condutividade (µS/cm) por um fator empírico, que varia entre 0,55 e 0,9, dependendo dos componentes solúveis e da temperatura de medição. Instrumento para a medição dos sólidos dissolvidos totais (Modelo: Combo) fabricado por Hanna Instruments (P) Ltd. Os Sólidos Totais Dissolvidos (mg/l) das amostras de água foram obtidos por imersão dos eléctrodos numa amostra bem misturada (Ramteke_e Moghe, 1988).

2.4.4Turbidez: A suspensão de partículas na água que interferem com a passagem da luz é chamada Turbidez. A turvação é causada por uma grande variedade de matéria em suspensão, cujo tamanho varia desde a dispersão coloidal até à dispersão grosseira, dependendo do grau de turbulência, e vai desde substâncias inorgânicas puras até às que são de natureza altamente orgânica. As águas turvas são indesejáveis do ponto de vista estético no abastecimento de água potável. A medição da turvação através do método do tubo de turvação baseia-se na interpretação visual da turvação da água. A aparência visual de uma cruz preta no fundo do tubo, através da extremidade aberta, é utilizada para a medição da turvação. A turvação (FAU) da amostra de água foi medida utilizando espectros de PC (Alemanha).

2.4.5Condutividade: A Condutividade é uma expressão numérica da capacidade de uma solução aquosa transportar corrente eléctrica. Esta capacidade depende da presença de iões, da sua concentração total, mobilidade, valência e concentrações relativas e da temperatura de medição. As medições de condutividade podem ser utilizadas para calcular o total de sólidos dissolvidos, multiplicando a condutividade (em µS/cm) por um fator empírico, que varia entre 0,55 e 0,9, dependendo dos componentes solúveis da água e da temperatura de medição. O instrumento utilizado para a medição da condutividade é constituído por uma fonte de corrente alternada, uma ponte de wheatstone, um indicador nulo e uma célula de condutividade. A célula de condutividade mede a relação entre a corrente alternada que atravessa a célula e a tensão que a atravessa. Instrumento para a medição da condutividade eléctrica (modelo: Combo) fabricado por Hanna

Instruments (P) Ltd. A Condutividade Eléctrica (CE em µS/cm) das amostras de água foi obtida por imersão dos eléctrodos numa amostra bem misturada (Ramteke e Moghe. 1988).

2.4.6Dureza: A dureza da água é a medida da capacidade da água para reagir com o sabão. O cálcio e o magnésio são os principais catiões que conferem dureza. A dureza total da água reflecte, portanto, a soma total dos catiões de metais alcalinos presentes na água. A dureza causada por bicarbonatos e carbonatos de catiões de cálcio e magnésio é chamada dureza temporária. Os sulfatos e cloretos de cálcio e magnésio causam dureza permanente. A dureza natural da água depende da natureza geológica da área de captação. A dureza desempenha um papel importante na distribuição do biota aquático e muitas espécies são identificadas como indicadores de águas duras e moles.

CÁLCULO:

$$\text{Total Hardness, mg/l. as } \mathbf{CaCO_3} = \frac{(\text{ml*N}) \text{ of EDTA* } 1000}{\text{ml of sample taken}}$$

2.4.7Alcalinidade: A alcalinidade da água é a sua capacidade de neutralização de ácidos. A alcalinidade das águas superficiais é principalmente uma função do conteúdo de carbonato e hidróxido e também inclui as contribuições de boratos, fosfatos, silicatos e outras bases.

A alcalinidade é uma medida da quantidade de ácido forte necessária para baixar o pH de uma amostra para 8,3, o que dá a alcalinidade livre (alcalinidade de fenolftaleína) e para um pH 4,5, o que dá a alcalinidade total. A alcalinidade total é a soma dos hidróxidos, carbonatos e bicarbonatos. Alcalinidade total: Adicionaram-se 3-4 gotas de alaranjado de metilo à mesma amostra. A solução tornou-se amarela e foi titulada com ácido sulfúrico 0,02 N até a cor mudar para laranja. Anotou-se o volume de ácido sulfúrico consumido (Sunil kumar e Shailaja. 1998).

CÁLCULO:

$$\text{Total alkalinity} = \frac{(\text{ml*N}) \text{ of } H_2SO_4 * 50 * 1000}{\text{ml of sample taken}}$$

2.4.8Oxigénio dissolvido: O oxigénio dissolvido (OD) na água afecta o estado de oxidação-redução de muitos dos compostos químicos, como o nitrato e o amoníaco, o sulfato e o sulfito e os iões ferrosos e férricos. É extremamente útil na auto-purificação das massas de água. A redução dos níveis de DO provoca um estado anaeróbio na água e afecta negativamente a biota aquática. Grande parte do DO na água provém da atmosfera devido à ação do vento. As algas e as plantas aquáticas enraizadas também libertam oxigénio para a água através da fotossíntese. O teor de oxigénio da água natural varia com a temperatura, a salinidade, a turbulência, a atividade fotossintética das algas e das plantas superiores e a pressão atmosférica. A quantidade de oxigénio na água varia ao longo de um dia. Este facto deve-se aos processos fotossintéticos e respiratórios das algas e das plantas superiores.

Quando se adiciona sulfato de manganês à amostra que contém iodeto de potássio alcalino, forma-se hidróxido de manganês, que é oxidado pelo oxigénio dissolvido na amostra em óxido básico de manganês. O óxido básico de manganês liberta iodo equivalente ao do oxigénio dissolvido originalmente presente na amostra. O iodo libertado é titulado com uma solução padrão de tiossulfato de sódio, utilizando o amido como indicador.

Determinação do oxigénio dissolvido: A amostra foi recolhida num frasco de CBO de 125 ml com cuidado, sem deixar bolhas de ar. Adicionou-se 1 ml de sulfato manganoso e 1 ml de reagente de iodeto alcalino azida. Deixou-se assentar um precipitado castanho de óxido básico de manganês. Adicionar 1 ml de ácido sulfúrico concentrado e misturar bem até à dissolução do precipitado. Tomar cerca de 25 ml da solução e titulá-la com tiossulfato de sódio até ao aparecimento de uma cor amarelo-palha. Adicionaram-se algumas gotas de indicador de amido e titulou-se novamente até ao desaparecimento da cor azul (Manivasakam, 1997).

CÁLCULO:

$$\text{Dissolved oxygen, mg/l} = \frac{\dfrac{(\text{ml*N}) \text{ of sodium thiosulphate} * 8 *}{1000}}{V_2\,[(V_1 - V)/\,V_1]}$$

Onde,

V_1 = Volume do frasco de amostra

V_2 = Volume do conteúdo titulado

V - Volume de $MnSO_4$ e KI adicionado (2ml)

1.1.9Carência bioquímica de oxigénio: Trata-se de um método empírico semi-quantitativo, baseado na oxidação da matéria orgânica por microrganismos adequados durante um período de 5 dias. O grau de consumo de O_2 mediado por micróbios na água é conhecido como carência bioquímica de oxigénio.

Este parâmetro é geralmente medido pela quantidade de O_2 utilizada por microrganismos aquáticos adequados durante um período de 5 dias. Encher uma garrafa de incubação com tampa de rosca (250-300 ml) até à borda com a amostra diluída restante. Selar a garrafa e incubar no escuro durante 5 dias a 20^0 C. Medir o DO numa alíquota da amostra (D_2).

$$\text{BOD mg/l} = \frac{(D_1\text{-}D_2) - (B_1\text{-}B_2)}{P}$$

1.1.10 Carência química de oxigénio: É um parâmetro rapidamente mensurável para estudos de correntes e resíduos industriais e para o controlo de estações de tratamento de águas. O método baseia-se na oxidação química de um material na presença de um catalisador. A quantidade de Cr não reagido O_{27}^{2} " é então determinada por titulação com uma solução padrão de sal de Mohr. Ag_2 So_4 catalisa a oxidação de compostos alifáticos de cadeia linear, hidrocarbonetos aromáticos e piridina. O $AgSo_4$ liga o Cl^- como complexo solúvel e evita a sua interferência. Colocar 5 a 50 ml de amostra num erlenmeyer (250 ml) com uma junta redonda de vidro, adicionar 10 a 20 ml de 0,25 NK_2 Cr O_{27} e refletir durante 6 horas. Arrefecer e titular o excesso de K_2 Cr O_{27} com uma solução 0,1 N de sal de Mohr em 8 N H_2 So_4 utilizando 8 a 10 gotas de ferroína.

1.1.11 Fosfato: Ocorre em águas naturais e residuais como fosfato inorgânico e organicamente ligado. O teor total de fosfato da amostra inclui todos os fosfatos e fosfatos condensados, tanto solúveis como insolúveis, e espécies orgânicas. Colher 100 ml de amostra (50 a 1000 mg p) num copo. Numa solução diluída de O-fosfato, o molibdato de amónio reage com o vanádio para formar ácido fosfórico vanadomolibdato amarelo, que é medido a 460 nm.

1.1.12 Sulfatos: Os iões de sulfato ocorrem normalmente nas águas naturais. Contribuem para a dureza permanente. As fontes de sulfatos são principalmente as rochas sulfatadas, como o gesso (sulfato de cálcio) e os minerais de enxofre, como as pirites, e também devido à poluição do ar e da água. Os sulfatos contribuem para o teor de sólidos totais e, em condições reduzidas e anaeróbias, produzem sulfureto de hidrogénio, que dá à água um odor a ovo podre.

Os iões sulfato são precipitados como sulfato de bário em meio ácido com cloreto de bário. A absorção da luz por esta suspensão precipitada é medida espectrofotometricamente a 420 nm. Colocaram-se cerca de 100 ml de amostra num copo e adicionaram-se 5 ml de reagente de condicionamento e uma espátula de cristais de cloreto de bário, misturando bem num agitador magnético durante um minuto. O espetrofotómetro foi calibrado com uma solução-padrão de sulfato e um branco antes da estimativa da amostra. A concentração da amostra foi anotada (Trivedy e Goel, 1987).

1.1.13 Nitrato: O Nitrato é a forma mais altamente oxidada dos compostos de azoto normalmente presentes nas águas naturais, porque é um produto da decomposição aeróbica da matéria orgânica azotada. As principais fontes de nitratos são os fertilizantes, a matéria vegetal e animal em decomposição, os efluentes domésticos e industriais e as descargas atmosféricas. As águas naturais não poluídas contêm normalmente apenas uma quantidade mínima de nitratos. Uma concentração excessiva na água potável é considerada perigosa para os bebés porque os nitratos do trato intestinal são reduzidos a nitritos, o que pode causar metahemoglobinemia ou síndrome do bebé azul. O nitrato é também um nutriente essencial para o crescimento das algas, pelo que, quando presente em concentrações elevadas, juntamente com os fosfatos, causa eutrofização. O nitrato reage com o ácido fenol dissulfónico para produzir um derivado nitro, que em condições alcalinas desenvolve uma cor amarela devido ao rearranjo da estrutura. A intensidade da cor produzida é diretamente proporcional à concentração de nitratos e é medida espectrofotometricamente a 410nm. Cerca de 50 ml de padrão, amostras e branco (água destilada) foram colocados em cadinhos separados, aquecidos até à secura e arrefecidos. O resíduo foi dissolvido em 2 ml de ácido fenol dissulfónico e o conteúdo foi diluído para 50 ml num tubo de Nessler. Adicionar 6 ml de amoníaco líquido para desenvolver uma cor amarela e misturar bem a solução. A cor desenvolvida foi lida espectrofotometricamente a 410nm. A concentração de nitrato foi anotada (Trivedy e Goel, 1987).

1.1.14 Cloreto: O anião cloreto está geralmente presente nas águas naturais. A presença de cloreto nas águas naturais pode ser atribuída à dissolução de depósitos de sal, drenagem de irrigação e descargas de esgotos. Os excrementos humanos, em particular a urina, também contribuem para uma elevada quantidade de cloretos. O elevado teor de cloreto também tem um efeito prejudicial nas culturas agrícolas. Padronização do nitrato de prata: Num erlenmeyer, colocaram-se cerca de 25 ml de cloreto de sódio 0,0141 N e adicionaram-se 2 ml de indicador cromato de potássio. A solução foi titulada com nitrato de prata até ao aparecimento de um precipitado vermelho-tijolo de cromato de prata. Anotou-se o volume de nitrato de prata consumido (Ramteke e Moghe, 1988). Determinação dos cloretos na amostra: Colocaram-se cerca de 25 ml de amostra de água num frasco cónico e adicionaram-se 2 ml de indicador de cromato de potássio. A solução foi titulada com nitrato de prata padronizado até à formação de um precipitado de cromato de prata de cor vermelho-tijolo. Anotou-se o volume de nitrato de prata consumido.

CÁLCULO:

$$\text{Chloride, mg/l} = \frac{(\text{ml}^*\text{N}) \text{ of } AgNO_3 * 35.5 * 1000}{\text{ml of sample taken}}$$

1.1.15 Ferro: O ferro é o quarto elemento mais abundante na crosta terrestre. Na água ocorre principalmente no estado divalente e bivalente (ferroso e férrico). O ferro nas águas superficiais está geralmente presente no estado férrico. O ferro é um elemento essencial na alimentação humana. Está contido num número de proteínas biologicamente significativas, mas a ingestão em grandes quantidades resulta em hemocromatose, em que os danos nos tecidos resultam da acumulação de ferro (Sawyer c/ al., 2003). O ferro férrico reage com salicilato de sódio para formar uma cor ametista que, com a adição de acetato de amónio, se transforma em cor amarela e, quando se adiciona ácido acético 1:1, volta a transformar-se em cor ametista. Espectrofotómetro - PRIM Light and Advanced 70C10382 com visor LCD fabricado pela Secomam, França. À amostra de ferro, foram adicionados 0,25 ml de salicilato de sódio a 10%, 2,5 ml de acetato de amónio a 3% e 2,5 ml de ácido acético 1:1. A solução foi completada até 25 ml. A cor ametista desenvolvida foi lida em espetrofotómetro métrico a 530 nm e as concentrações foram anotadas.

2.5 Resultados e discussão

Os parâmetros físico-químicos do Lago Madivala das três estações de amostragem estão detalhados no Quadro 1 e na Figura 1-15.

2.5.1pH: O pH no Lago Madivala das três estações de amostragem está detalhado na Tabela 1. No Lago da Madivala, o valor mais baixo de pH 7,3 na estação 3 foi registado em agosto de 2007 e o valor mais alto 8,4 na estação 3 foi registado em maio de 2007, respetivamente (Figura 1). Um intervalo de pH entre 6,7 e 8,4 é considerado seguro para a vida aquática e para manter a produtividade. No entanto, um pH inferior a 4,0 e superior a 9,6 é perigoso para a maioria das formas de vida. O pH dá uma ideia do tipo e da intensidade da poluição (Verma et al., 1987; Mishra e Seksena, 1991) e o pH é considerado um fator único muito importante que influencia a produção aquática (Swingle, 1967).

2.5.2Temperatura: A temperatura no Lago Madivala das três estações de amostragem está detalhada na Tabela 1. Na Lagoa da Madivala, a temperatura mais baixa 26^0 c na estação 3 foi registada em agosto de 2007 e o valor mais alto 28.8^0 c na estação 1 foi registado em maio de 2007 respetivamente (Figura 2). Também exerce profunda influência no comportamento metabólico e fisiológico do ecossistema aquático (Welch, 1952). Também se reflecte na dinâmica dos organismos vivos (Chandler, 1942). O aumento da temperatura não só reduz a disponibilidade de oxigénio, mas também aumenta a procura de oxigénio, uma situação que contribuiria para o stress fisiológico dos organismos (Giller e Matmquist, 1998).

2.5.3TDS: O TDS no Lago Madivala das três estações de amostragem está detalhado na Tabela 1. No Lago Madivala, o valor mais baixo de 186 mg/l na estação 3 foi registado em abril de 2007 e o valor mais alto de 374 mg/l na estação 2 foi registado em agosto de 2007, respetivamente (Figura 3). A elevada concentração de

Os TDS reduzem a clareza da água, contribuem para uma diminuição da fotossíntese, combinam-se com compostos tóxicos e metais pesados e conduzem a um aumento da temperatura da água (sítio Web Kan CRN). Uma concentração elevada de TDS pode produzir efeitos laxativos e pode dar um sabor mineral desagradável à água.

2.5.4Turbidez: A Turbidez no Lago Madivala das três estações de amostragem está detalhada na Tabela 1. No Lago Madivala, o valor mais baixo, 288 FAU, na estação 3, foi registado em abril de 2007 e o valor mais alto, 594 FAU, na estação

2, foi registado em agosto de 2007, respetivamente (Figura 4). A turvação tem sido considerada um fator limitante da produtividade biológica em águas doces (Kaushik e Saxena, 1999). As fontes são principalmente as águas pluviais, o escoamento agrícola e

Quadro I Parâmetros físico-químicos do lago Madivala em diferentes locais durante o período de março a agosto de 2007

Meses		março			abril			maio			junho			julho			agosto		
Parâmetros	Unidades	Si	S2	S_3	Si	S2	S3	Si	S2	S3	Si	S2	S3	Si	S2	S3	Si	S2	S3
pH	-	7.8	7.6	7.6	7.8	7.9	8.1	8.1	7.8	8.4	8.0	7.9	7.9	7.6	7.7	7.5	7.8	7.4	7.3
Temperatura	O C^0	28.1	28	28	28.4	28	28.1	28.8	28.7	28.2	27.9	28.1	29	27.5	27.9	27	27.2	28.0	26
TDS	mg/1	252	314	192	220	290	186	212	268	248	290	244	254	302	370	270	314	374	282
Turbidez	mg/1	442	480	496	396	478	288	354	470	286	498	478	328	504	586	382	520	594	402
Condutividade	mg/1	404	540	394	412	494	360	398	470	404	512	412	610	540	652	486	518	660	540
TH	mg/1	180	190	172	178	184	168	170	164	178	180	162	192	192	242	212	200	256	218
TA	mg/1	220	224	206	214	230	210	206	212	206	216	174	220	226	260	232	228	274	246
DO	mg/1	3.5	2.6	3.1	2.9	2.4	2.2	2.8	2.6	3.4	3.6	2.5	3.8	3.7	2.9	3.9	3.8	4.0	3.9
CBO	mg/1	32.1	28	40	36	26.8	26	37	27.6	25.2	27	35.4	22.4	26.6	35	26	24	39	37
CQO	mg/1	36.2	25	27	38	24	32	39	28	36	35	19	30	38	26	38	37	30	35
Fosfato	mg/1	5.2	4.8	3.3	3.4	3.8	3.3	3.1	5.4	3.4	5.8	6.2	6.2	6.1	4.4	6.5	6.2	5.8	6.8
Sulfato	mg/1	2.2	2.8	2.6	1.9	2.6	2.5	1.8	2.3	2.4	2.7	5.2	4.8	3.2	6.8	6.2	3.4	6.1	7.1
Nitrato	mg/1	2.8	4.2	2.9	2.1	3.9	2.6	2.2	3.7	2.4	3.9	5.1	4.6	4.1	4.18	4.8	4.5	4.2	5.2
Cloreto	mg/1	52	55	40.0	40	50	33.5	38	42	38.4	56.4	36	54	57	45	48	58.3	42	50
Ferro	mg/1	8.4	9.2	6.5	7.6	8.1	6.8	6.9	8.2	6.3	9.8	8.4	7.2	10.4	15.2	9.2	9.9	8.8	9.4

efluentes dos sectores industrial e doméstico, que, por sua vez, restringem a penetração da luz, dando origem a uma fotossíntese reduzida e a odores esteticamente insatisfatórios (Kiran e Ramachandra, 1999).

2.5.5Condutividade: A Condutividade no Lago Madivala das três estações de amostragem está detalhada na Tabela 1. No Lago da Madivala, o valor mais baixo de 360 µmhos⁄cm na estação 3 foi registado em abril de 2007 e o valor mais alto de 660 µmhos⁄cm na estação 2 foi registado em agosto de 2007, respetivamente (Figura 5). A condutividade do tipo bicarbonato comum da água do lago é estreitamente proporcional às concentrações dos iões principais (Juday e Birege, 1933; Rodhe 1949). Um nível elevado de condutividade reflecte o estado de poluição, bem como os níveis tropicais do corpo aquático (Rawson, 1956).

2.5.6Dureza total: A Dureza Total no Lago Madivala das três estações de amostragem está detalhada na Tabela 1. No Lago Madivala, o valor mais baixo de 162 mg⁄l na estação 2 foi registado em junho de 2007 e o valor mais alto de 256 mg⁄l na estação 2 foi registado em agosto de 2007, respetivamente (Figura 6).

A água é classificada de acordo com a sua dureza mg/l. Como Hem (1970), a água com uma dureza total no intervalo de 0 a 60mg/l é denominada macia; 60- 120mg/l moderadamente dura; de 120 a 180mg/l dura e acima de 180mg/l muito dura. Os valores elevados de dureza devem-se provavelmente à adição regular de grandes quantidades de esgotos, detergentes e utilização humana em grande escala. A água para uso doméstico não deve conter mais de 80 mg/l A concentração elevada de TH na água pode causar cálculos renais e doenças cardíacas nos seres humanos.

2.5.7Alcalinidade Total: A alcalinidade total no lago Madivala das três estações de amostragem é detalhada na Tabela 1. No Lago Madivala, o valor mais baixo de 174 mg/l na estação 2 foi registado em junho de 2007 e o valor mais alto de 274 mg/l na estação 2 foi registado em agosto de 2007, respetivamente (Figura 7).

De acordo com Kaur et al. (1996), valores elevados de alcalinidade são indicativos do carácter eutrófico da massa de água. As condições do lago, quando comparadas com os valores mais elevados de alcalinidade total, apontam para um estado de poluição dos lagos. O aumento do teor de alcalinidade pode dever-se ao facto de a mistura acidental de uma quantidade de substâncias industriais ter provocado uma baixa qualidade da água e elevadas taxas de evaporação. A alteração da alcalinidade pode dever-se ao aumento da decomposição. Uma observação semelhante foi também registada por Hedge e Bharathi (1989).

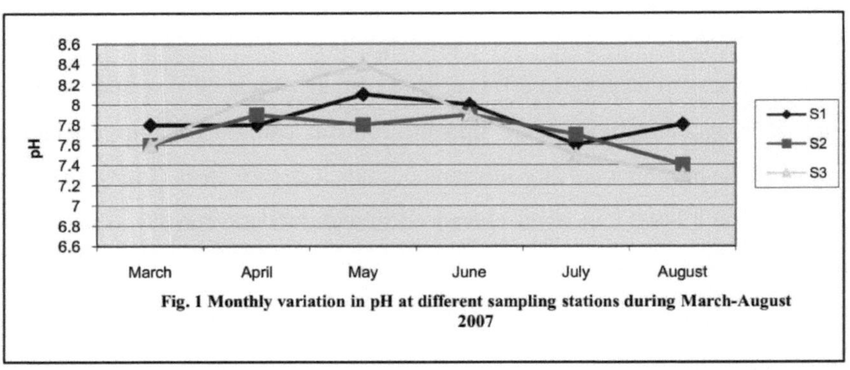

Fig. 1 Monthly variation in pH at different sampling stations during March-August 2007

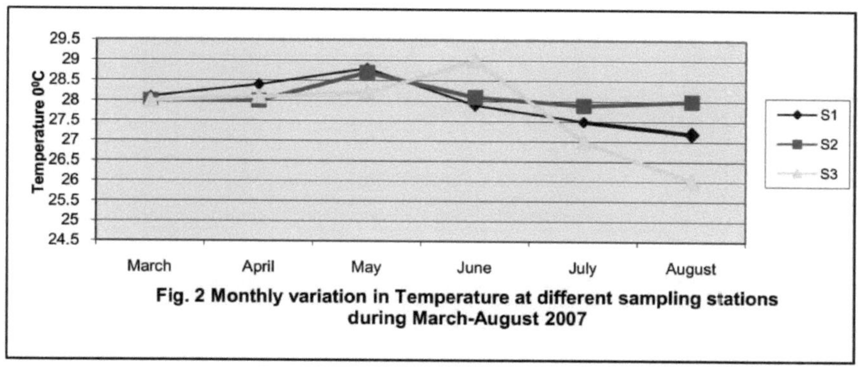

Fig. 2 Monthly variation in Temperature at different sampling stations during March-August 2007

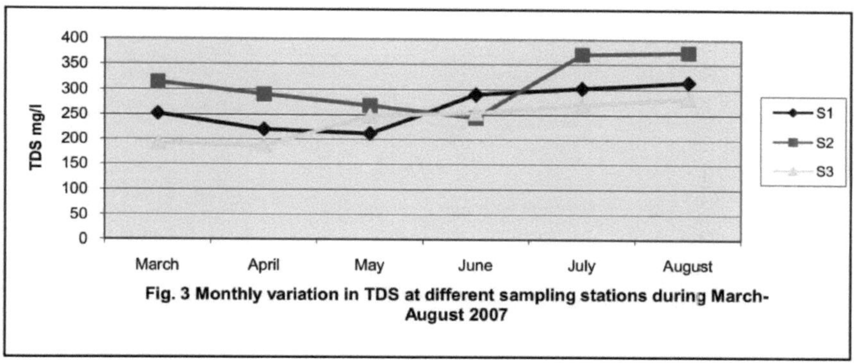

Fig. 3 Monthly variation in TDS at different sampling stations during March-August 2007

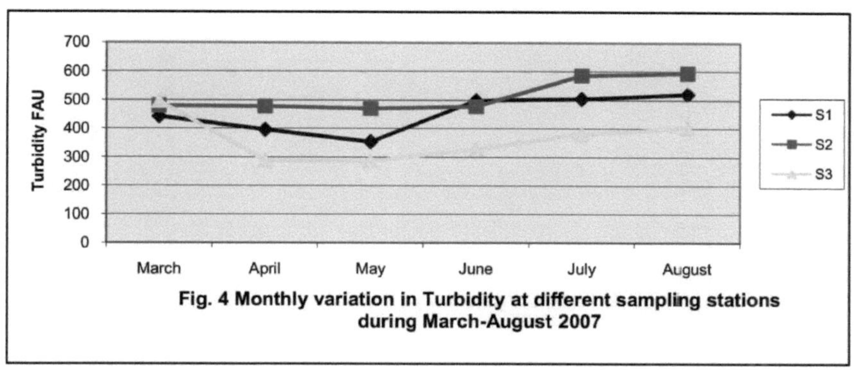

Fig. 4 Monthly variation in Turbidity at different sampling stations during March-August 2007

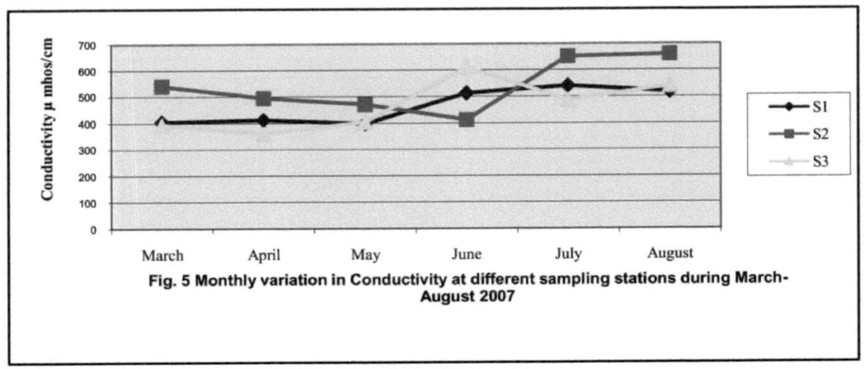

Fig. 5 Monthly variation in Conductivity at different sampling stations during March-August 2007

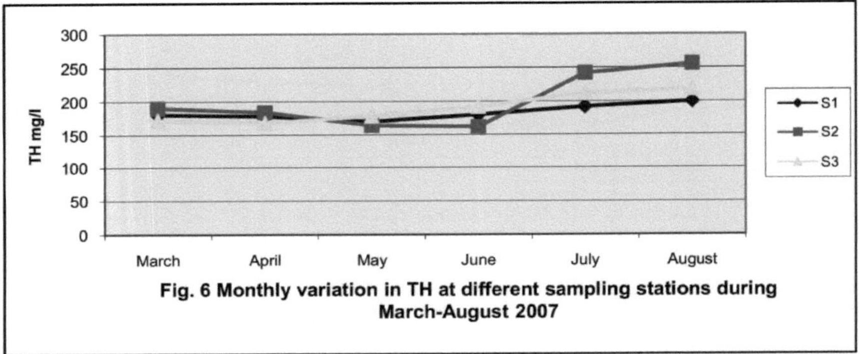

Fig. 6 Monthly variation in TH at different sampling stations during March-August 2007

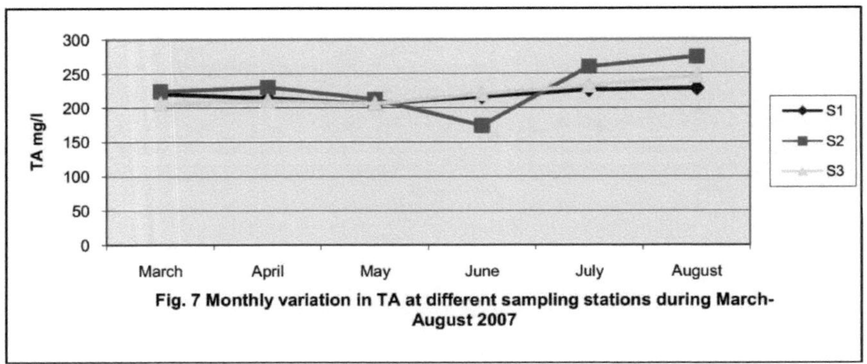

Fig. 7 Monthly variation in TA at different sampling stations during March-August 2007

2.5.8 DO: O DO no Lago Madivala das três estações de amostragem é detalhado na Tabela 1. Na Lagoa da Madivala, o valor mais baixo de 2,2 mg/l na estação 3 foi registado em abril de 2007 e o valor mais alto de 3,9 mg/l na estação 3 foi registado em julho e agosto de 2007, respetivamente (Figura 8). Os valores mais baixos de DO foram registados nos meses de verão, como resultado da acumulação de efluentes exigentes em oxigénio. A água classificada como água para a vida aquática não deve ter concentrações de DO inferiores a 5 mg/l e concentrações muito elevadas de DO podem também ser prejudiciais para a vida aquática. Os peixes em águas com excesso de gases dissolvidos podem sofrer uma condição em que as bolhas de oxigénio bloqueiam o fluxo de sangue através dos vasos sanguíneos, causando a morte. A maioria dos peixes não consegue sobreviver a uma concentração inferior a 3 mg/l de oxigénio dissolvido (CDPHE-WQCD).

2.5.9CBO: O CBO no lago Madivala das três estações de amostragem é detalhado na Tabela 1. No Lago da Madivala, o valor mais baixo de 24 mg/l na estação 1 foi registado em agosto de 2007 e o valor mais alto de 40 mg/l na estação 3 foi registado em março de 2007, respetivamente (Figura 9). A CBO, uma necessidade relativa de oxigénio, é a quantidade de oxigénio necessária para a degradação bioquímica da matéria orgânica e o oxigénio utilizado para oxidar a matéria orgânica, como sulfuretos e iões ferrosos (APHA, 1985).

2.5.10 COD: O COD no Lago Madivala das três estações de amostragem está detalhado na Tabela 1. No Lago Madivala, o valor mais baixo de 19mg/l na estação 2 foi registado em junho de 2007 e o valor mais alto de 39 mg/l na estação 1 foi registado em maio de 2007, respetivamente (Figura 10). Como resultado do elevado valor dos valores de COD mais elevados, é necessária uma monitorização contínua para que a eliminação direta de matéria orgânica nos lagos seja estritamente proibida. A poluição é largamente determinada pelos diversos materiais orgânicos e inorgânicos (Kiran e Ramachandra, 1999).

2.5.11 Fosfato: O fosfato no lago Madivala das três estações de amostragem é detalhado na Tabela 1. No Lago Madivala, o valor mais baixo de 3,1 mg/l na estação 1 foi registado em maio de 2007 e o valor mais alto de 6,8 mg/l na estação 3 foi registado em agosto de 2007, respetivamente (Figura 11). O fosfato enfatizou que a meteorização de rochas contendo fósforo, a lixiviação dos solos da bacia hidrográfica pela chuva, o estrume do gado e os solos poderosos são as principais fontes de fósforo para as águas naturais (Jhingran 1982). Verma (1981) e Paul (1992) estabeleceram a importância do fosfato como elemento nutriente no crescimento de algas microscópicas e é responsável pela manutenção da produtividade dos lagos.

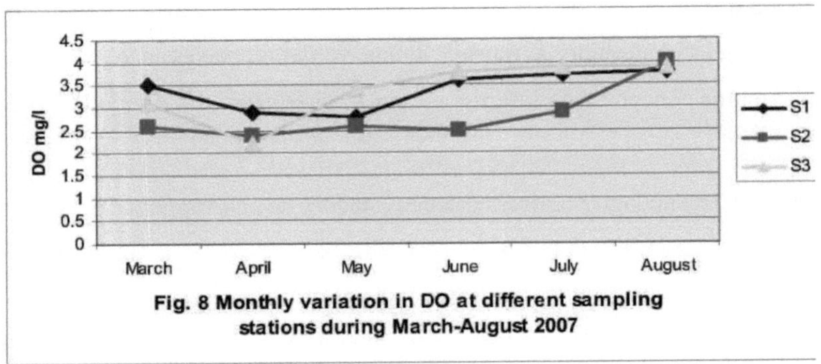

Fig. 8 Monthly variation in DO at different sampling stations during March-August 2007

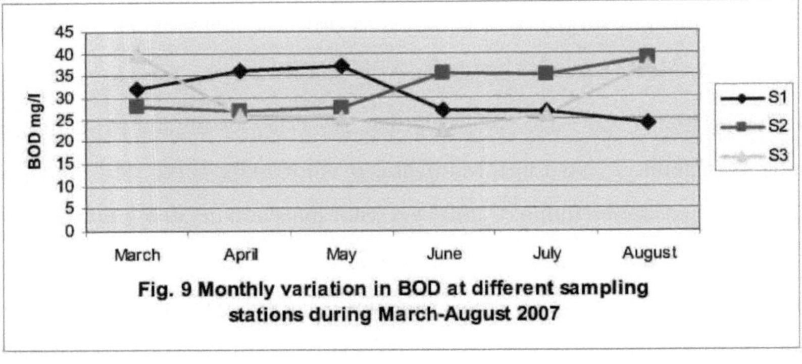

Fig. 9 Monthly variation in BOD at different sampling stations during March-August 2007

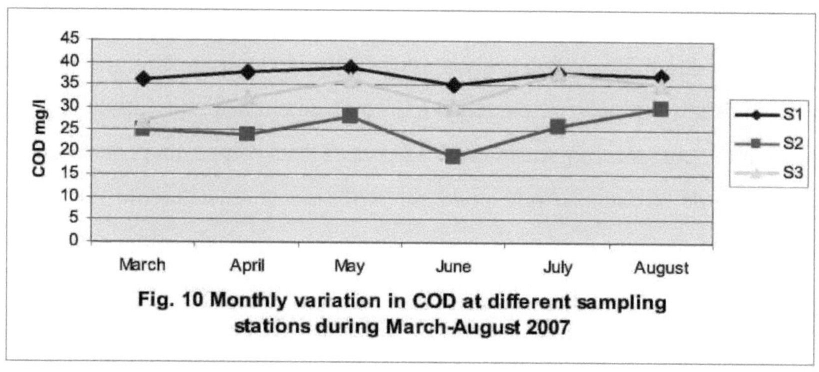

Fig. 10 Monthly variation in COD at different sampling stations during March-August 2007

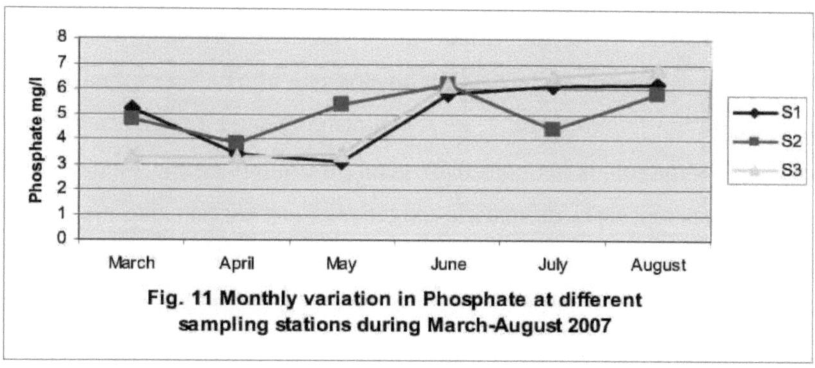

Fig. 11 Monthly variation in Phosphate at different sampling stations during March-August 2007

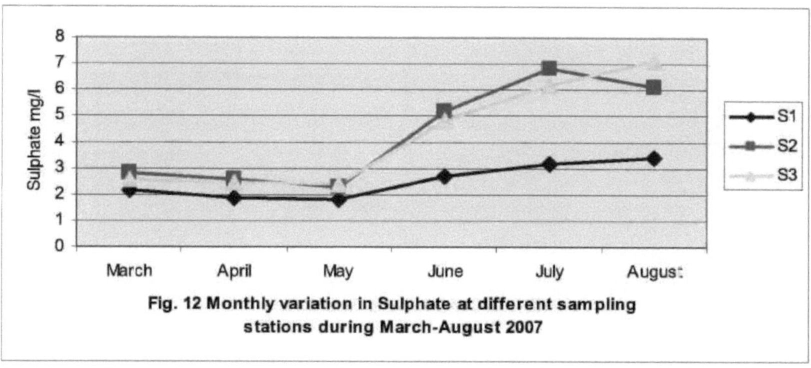

Fig. 12 Monthly variation in Sulphate at different sampling stations during March-August 2007

2.5.12 Sulfato : O sulfato no lago Madivala das três estações de amostragem é detalhado na Tabela 1. No lago Madivala, o valor mais baixo de 1,8 mg/l na estação 1 foi registado em maio de 2007 e o valor mais alto de 7,1 mg/l na estação

3 foi registado em agosto de 2007, respetivamente (Figura 12). As altas concentrações de sulfatos foram registadas nas águas do lago e a alta concentração de sulfatos estimula a ação de bactérias redutoras de enxofre, que produzem gás sulfídrico altamente tóxico para a vida dos peixes. Observou-se uma concentração mais elevada de sulfatos, o que pode ser atribuído ao escoamento das terras agrícolas durante as cheias no período da monção e à entrada de sulfatos na massa de água do lago a partir da área de captação através do escoamento superficial e das águas residuais domésticas.

2.5.13 Nitrato: O nitrato no lago Madivala das três estações de amostragem é detalhado na Tabela 1. No Lago Madivala, o valor mais baixo de 2,1 mg/l na estação 1 foi registado em abril de 2007 e o valor mais alto de 5,1 mg/l na estação 2 foi registado em junho de 2007, respetivamente (Figura 13). Wetzel (1983) afirmou que os micróbios heterotróficos geraram o nitrato como produto final primário da decomposição de matéria oxigenada, quer diretamente a partir de proteínas ou de compostos orgânicos. Zutshi e Khan (1998) afirmaram que a presença excessiva de nitratos na água se deve a actividades domésticas e a fertilizantes provenientes dos campos.

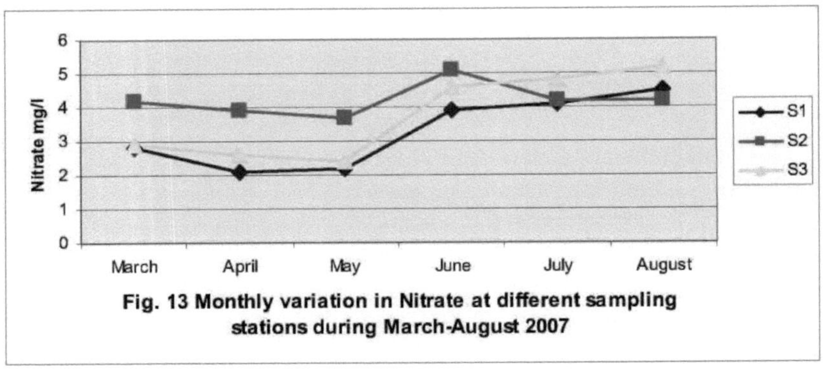

Fig. 13 Monthly variation in Nitrate at different sampling stations during March-August 2007

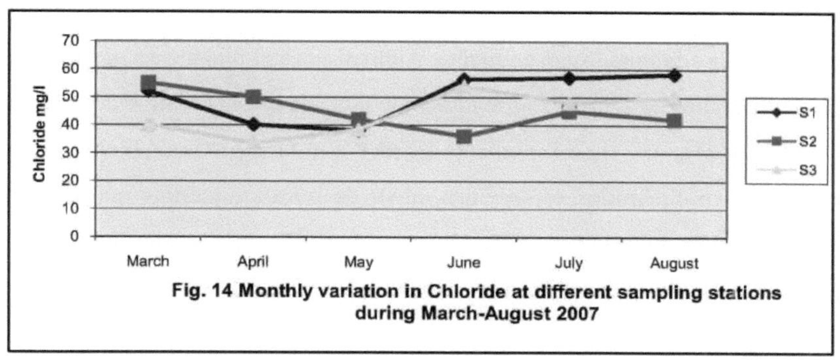

Fig. 14 Monthly variation in Chloride at different sampling stations during March-August 2007

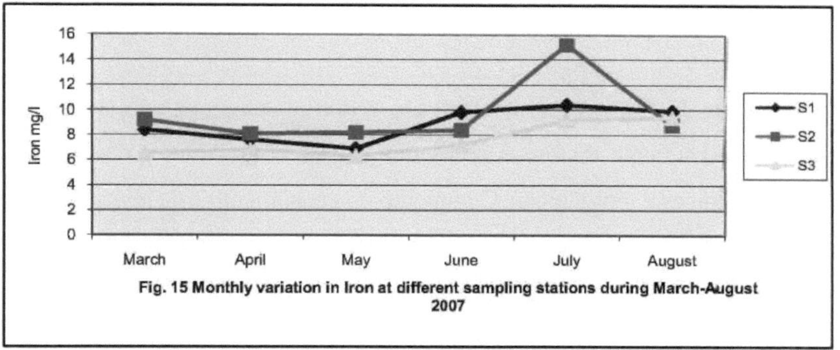

Fig. 15 Monthly variation in Iron at different sampling stations during March-August 2007

2.5.14 Cloreto: O Cloreto no Lago Madivala das três estações de amostragem está detalhado na Tabela 1. Na Lagoa da Madivala, o valor mais baixo de 33,5 mg/l na estação 3 foi registado em abril de 2007 e o valor mais alto de 58,3 mg/l na estação 1 foi registado em agosto de 2007, respetivamente (Figura 14) .

é uma componente importante do sistema tampão carbónico e também circula através da componente biótica e abiótica do ecossistema. Os valores de cloreto são máximos na camada inferior, o que pode dever-se à lavagem da matéria orgânica da bacia hidrográfica circundante (Datta, et al., 1984)

2.5.15 Ferro: O ferro no lago Madivala das três estações de amostragem é detalhado na Tabela 1. No Lago Madivala, o valor mais baixo de 6,3 mg/l na estação 3 foi registado em maio de 2007 e o valor mais alto de 10,4 mg/l na estação 1 foi registado em julho de 2007, respetivamente (Figura 15). Em ambientes aquáticos, os metais têm sido denominados como poluentes conservadores, porque uma vez adicionados ao ambiente. Além disso, a gravidade e a persistência dos metais pesados na água são agravadas pelo facto de serem geralmente solúveis em água, não degradáveis e fortemente ligados a muitos produtos bioquímicos, especialmente polipéptidos e proteínas, além de outros materiais que perdem grupos funcionais ricos em electrões, tais como sulfohidrilo, amino e imidasol. Sendo compostos estáveis, os metais pesados não são facilmente removidos por oxidação ou precipitação. Outros processos e afectam as actividades dos animais (Anitha,G. et.al., 2005)

2.6 Eutrofização

A eutrofização de lagos e reservatórios é o enriquecimento com nutrientes vegetais, principalmente fósforo e azoto, que entram como solutos e se ligam a partículas orgânicas e inorgânicas. O aumento do crescimento e da abundância de plantas aquáticas resulta frequentemente em reduções da qualidade da água. O aumento da entrada de nutrientes nas águas interiores resulta normalmente da modificação das bacias hidrográficas, como a desflorestação, o desenvolvimento agrícola e industrial e a urbanização. As condições ambientais nas massas de água e na bacia hidrográfica influenciam a eutrofização - condições climáticas e hidrológicas na bacia hidrográfica - e outros impactos da eutrofização.

De acordo com estimativas recentes das Nações Unidas, a população humana mundial está a aumentar quase 1 milhão por ano e os grandes centros urbanos continuam a crescer rapidamente.

[st] Prevê-se que metade da população mundial viva em zonas urbanas até ao século XXI. Cada pessoa necessitará de água limpa para sustentar a sua existência e produzirá fósforo, azoto e carbono orgânico como resíduos todos os dias. Para satisfazer a necessidade de alimentos de todos, as culturas fertilizadas e a criação de animais gerarão águas adicionais ricas em nutrientes e orgânicos.

Os lagos são geralmente oligotróficos e têm apenas quantidades limitadas de nutrientes, dependendo do seu modo de formação e da composição dos sedimentos originais. Estes nutrientes são insuficientes para produzir um crescimento significativo de algas. Nesta fase, os lagos dispõem apenas de nutrientes autóctones (nutrientes indígenas que circulam no local), que geralmente se reciclam completamente na ausência de qualquer fornecimento externo. Toda a produção biológica é completamente decomposta após a morte. As principais fontes naturais de nutrientes são as escorrências naturais, as quedas

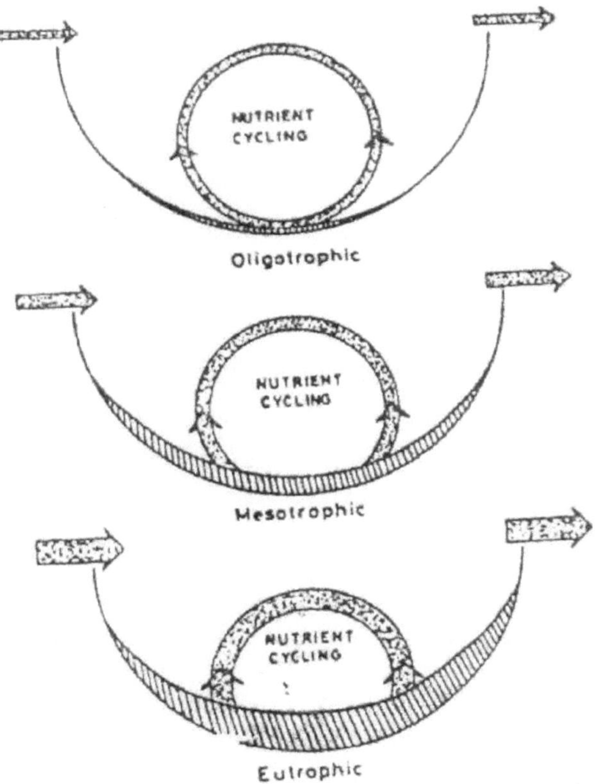

15.1 Processo de eutrofização

de folhas e ramos da vegetação circundante, submersão periódica da vegetação terrestre próxima, chuvas e excrementos de aves, etc.

Com base no conhecimento de que os lagos oligotróficos são profundos e os lagos eutróficos são pouco profundos, os primeiros limnólogos (Thimemann,

Naumann) concluíram que os lagos devem evoluir para um estado de eutrofia ao longo de períodos geológicos. Existem excepções, como os grandes lagos do vale do Rift em África (Lago Vitória), onde o afundamento da terra pode resultar em profundidades constantes ou por vezes crescentes durante períodos geologicamente longos. Os lagos acumulam sedimentos a uma taxa de cerca de $1mm/y^2$. A maioria dos lagos do Ontário são de origem glaciar e, por isso, têm, no máximo, cerca de 11.000-12.000 anos de sedimentos.

2.6.1 Processo de eutrofização

De acordo com Hutchinson, 1967, a eutrofização é um processo natural, que significa literalmente "bem nutrido ou enriquecido". É um estado natural em muitos lagos e lagoas, que têm um rico suprimento de nutrientes e também ocorre como parte do processo de envelhecimento dos lagos, à medida que os nutrientes se acumulam através da sucessão natural.

O presente estudo mostra o processo de eutrofização na figura 15.1, que indica que um lago passa do estado oligotrófico para o eutrófico através de algumas fases intermédias arbitrárias chamadas oligomesotrófico e meso-eutrófico. É também evidente que, com o progresso da eutrofização, uma quantidade crescente de nutrientes entra em circulação e os ciclos tornam-se incapazes de se completar. A velocidade da eutrofização não depende apenas da taxa de fornecimento de nutrientes, mas outros factores como o clima e as características morfométricas tornam-se importantes.

O clima trófico ou quente suporta normalmente uma taxa de eutrofização mais elevada, uma vez que favorece uma maior utilização de nutrientes e o crescimento de algas em comparação com os climas frios e temperados.

As causas e consequências da eutrofização provaram ser uma das perturbações antropogénicas mais generalizadas e graves para os ecossistemas aquáticos Fig. 15.2

De acordo com Murthy e Susant (1994), a principal razão para a eutrofização do lago Thilka pode dever-se ao escoamento de terras dos campos agrícolas, que são alimentados por fertilizantes inorgânicos, medidas animais e solos pobres.

Vyas (1986) estudou as causas da eutrofização dos lagos em Udaipur e arredores. Os lagos estão a diminuir gradualmente, tanto em profundidade como em dimensões periféricas, devido à deposição de

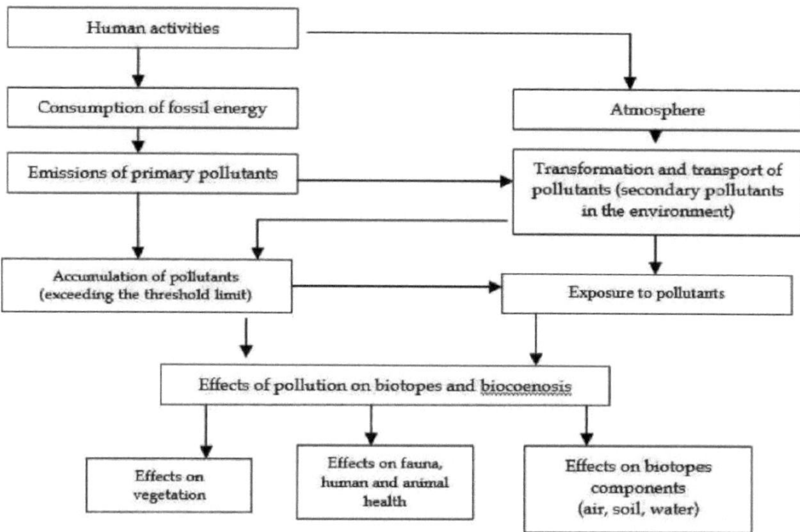

15.2 Principais relações de causa e efeito da eutrofização

silte, devido a actividades humanas indesejáveis, tanto na área de captação como nas margens do lago. Neste estudo, ao longo de toda a margem do lago, um grande número de seres humanos lava os seus panos. Além disso, as actividades do homem lavador também adicionam uma grande quantidade de carga de fosfato à água do lago. Outra causa importante de eutrofização dos lagos é a deposição de águas residuais não tratadas. É possível assinalar um grande número de pontos através dos quais essas águas residuais urbanas são lançadas no lago. Os habitantes locais que residem ao longo da margem do lago deitam nos lagos todo o tipo de lixo e detritos de cozinha. As práticas agrícolas na zona de captação, bem como nas margens e nos leitos dos lagos, resultam na lavagem de produtos agroquímicos. Existem vários compostos sintéticos que são pulverizados nas culturas terrestres e aquáticas para matar as pragas. Estes não são completamente consumidos pelas espécies-alvo e, muitas vezes, passam em condições relativamente intactas e letais para organismos de nível trófico, causando efeitos altamente prejudiciais.

Os efeitos da eutrofização referem-se à adição natural ou artificial de nutrientes, como o azoto e o fósforo, que aumentam a produtividade da água e têm como consequência a alteração da vida vegetal e animal na massa de água, reduzindo talvez a sua utilidade e beleza e ameaçando a sua própria existência ao longo do tempo. Quando os efeitos da eutrofização são indesejáveis, como quando o valor do lago como fonte de abastecimento de água e a redução da eutrofização são considerados uma forma de poluição.

Tiwari (1999) estudou o problema ecológico no lago superior, tendo o estudo de Bhoopal concluído que o lago está a ser severamente poluído e que os problemas enfrentados na região do lago superior são a erosão do solo e o assoreamento do lago, sendo sugeridas algumas medidas para travar a continuação da degradação da qualidade da água.

O perfil de profundidade do oxigénio dissolvido e dos nutrientes não varia muito com a profundidade, mas, normalmente, as águas superficiais dos lagos eutróficos têm um maior teor de oxigénio e um menor teor de nutrientes em relação às camadas inferiores. As eutrofizações induzem muitas outras alterações físicas e químicas nas águas. O aumento da taxa fotossintética leva ao consumo de maiores quantidades de bicarbonatos, resultando na formação de mais e mais carbonatos, aumentando o P^H da água.

$$2HCO_3 \longrightarrow CO_2 + H_2O + CO3^{-2}$$

Os carbonatos formados desta forma podem precipitar-se como sais de cálcio e magnésio a pH elevado, podendo também co-precipitar quantidades substanciais de fósforo juntamente com estes carbonatos (Wetzel, 1968).

As massas de água eutróficas apresentam ciclos tropicais de oxigénio dissolvido e dióxido de carbono, uma vez que a contração destes gases é regulada pela atividade fotossintética. Durante o dia, verifica-se um aumento do oxigénio e uma diminuição do CO_2 , enquanto a tendência se inverte durante a noite.

Durante o inverno, quando a atividade fotossintética diminui, o pH diminui devido à acumulação excessiva de CO livre$_2$, e nesta altura, os carbonatos previamente precipitados podem voltar a dissolver-se. Os outros minerais absorvidos, como os fosfatos e o amoníaco, também podem ser libertados dos sedimentos à medida que o potencial redox diminui devido à diminuição do oxigénio no fundo (Mortimer, 1942; Fillos e Swanson, 1975).

Quase todas as alterações físico-químicas da água provocam uma mudança na flora e na fauna devido a factores homeostáticos, que levam à obtenção de um novo equilíbrio. Assim, muitas espécies desejáveis, incluindo peixes, são substituídas por espécies indesejáveis. Verifica-se uma sucessão de algas que resulta no predomínio de algas verdes azuis, que têm valores de nutrientes muito baixos nas cadeias alimentares e muitas delas produzem os blooms. Alguns géneros importantes de algas verdes azuis que formam florescências incluem Microcystis, Anabaena, Oscillatoria e Aphanizomenon. As algas de outros grupos, como chlorella, scenedesmus e kirchneriella, também podem formar florescências. As algas verdes filamentosas, como a spirogyra, a cladophora e a zygonema, formam um denso tapete flutuante (manto) à superfície quando a densidade do florescimento se torna suficiente para reduzir a intensidade da luz solar abaixo da superfície. Estes mantos dão frequentemente abrigo a vários insectos indesejáveis, incluindo mosquitos. Muitas espécies de algas têm efeitos alclopáticos sobre outras algas, o que resulta frequentemente na formação de associações e conjuntos típicos de algas em águas eutróficas. A carga excessiva de fósforo e azoto resulta numa elevada biomassa de algas, dominada por cianobactérias, e na perda de macrófitas (Jana e Das, 1995).

2.7 Resumo e conclusão

A análise da água revela um elevado nível de poluição e contaminação, devido à descarga de resíduos domésticos, esgotos e efluentes industriais das indústrias domésticas situadas no lago e nas suas imediações.

O lago Madivala é o principal destinatário das descargas de resíduos, transportando a maior parte dos elementos tóxicos e dos resíduos libertados no lago e nas suas imediações, pelo que o seu estado se está a deteriorar rapidamente e o potencial para recuperar a sua originalidade tem vindo a perder-se de dia para dia

As amostras de água são testadas para organismos indicadores e não para agentes patogénicos, que são os verdadeiros microrganismos causadores de doenças. O grupo de bactérias do tipo coli é o principal indicador de que a água é potencialmente insegura. As bactérias constituem um elo importante entre o produtor primário e o consumidor, pelo que parece que a poluição devida aos microrganismos afecta a cadeia alimentar aquática.

A eutrofização provou ser uma das perturbações antropogénicas mais graves e disseminadas nos sistemas aquáticos. A principal razão para a eutrofização do lago Madivala pode ser atribuída ao escoamento de terras de campos agrícolas, esgotos industriais e fertilizantes inorgânicos.

Pelos resultados experimentais obtidos, podemos concluir que os poluentes que alimentaram o lago, que não têm um tratamento de calagem adequado e que estragaram a qualidade das águas subterrâneas no lago e à sua volta através da infiltração de quantidades tão substanciais de poluentes lançados no lago, a sobrevivência biótica torna-se difícil. A proliferação de algas aparece durante todo o ano. Se a situação atual se mantiver, pode acontecer que o lago Madivala se torne um lago ecologicamente inativo.

2.8 Referências

Abbasi, S.A., Naseema Abbasi & Bhatia, K.K.S. 1997. The Kuttiadi river basin In: wetlands of India. Ecology and threats. Vol. Ill Discovery Publishing House. New Delhi. P. 65-143.

Anitha, G., S.V.A. Chandrashekhar, Kodarkar, N.S., 2005. Estudos Limnológicos no lago Mir Alam, Hyderabad. Poll. Res. 24(3):681-687.

APHA. 1985. Standard methods for examination of water and waste water. Associação Americana de Saúde Pública. Washington. Nova Iorque.

Balakrisnan, V. e Karupaswmy . 2005. Características físico-químicas de amostras de água potável de Palani, Tamil Nadu. J. Ecotixicol. Environ.Monit. 15 (3) 235- 238.

Carpenter S. R., Frost T., Persson M.. Power M., e Sotto D. 1996. "Ecossistemas de água doce: Linkage of Complexity and Processes". In: Moony H.A. e Schulze E.D. (eds.) *Functional roles of Biodiversity: A Global Perspective.* John Wiley & Sons. *299-325*

Chandler, D.C. 1942. Limnological studies of western lake Eire. III fitoplâncton e dados físicos de novembro de 1939 a novembro de 1940. Ohio. J. Sci. 42: 24-44.

Departamento de Saúde Pública e Ambiente do Colorado - Divisão de Controlo da Qualidade da Água (CDPHE-WQCD). "As normas e metodologias básicas para as águas de superfície". 5CCR 1002-31.

http://www.cdphe.state.cous/us/ cdphereg. asp # Wq reg.

Datta, N.C., Choudhary, A e Choudhary, S. 1984. Ritmo anual de alguns parâmetros hidrobiológicos e sua interação num lago salobro

represamento de água de West Bangal. Índia. Comp, physiol. Ecol.9(2): 149-154.

Elizabeth, K.M. e L. Premnath Naik 2005. Análise da água do lago Hussain sagar Hyderabad. Andhra Pradesh e Bio-remediação de alguns poluentes por fungos. Poll. Res. 24(2): 337-340.

Giller, Paul e Matmqvist, Bjorn 1998. The biology of streams and Rivers. Oxford University press.

Hedge. C.R. e Bharathi. S.G. 1985. Ecologia comparativa do fitoplâncton de lagoas e lagos de água doce de Dharwad. Estado de Karnataka. (Ed. Adoni. A.D.) Índia. Proc. Nat. Sym. Limnologia Pura e Aplicada. Bull. Bot. Soc. Sagar. 32: 24-29.

Himansu, B. Mahananda, Malaya Ranjan Mahananda e Bitut Prava Mohanty. 2005. Estudos sobre os parâmetros físico-químicos e biológicos de um ecossistema de lagoa de água doce como indicador de poluição da água. Ecol. Env. & Cons. 11 (3-4) 537-541.

Jadhav, A.R. e A.M. Deshmuck, 2006. Características físico-químicas e microbianas dos lagos Rankala e Kalamba do distrito de Kolhapur em Maharashtra. Environment and Ecology. 24(1):21-27.

Jhingran,V.G. 1982. Fish and Fisheries of India 2nd Edn. Hindustan publishing corporation (India) Delhi.

Juday, C. e Birege, E.A. 1933. The Transparency the colour and specific conductance of the lake waters of north eastern Wisconsin Trans. Wis. Acad. Sci. Arts. Lett. 28: 205-259.

Sítio da Internet da Rede de Investigação em Colaboração do Kansas (kan CRN) sobre monitorização do fluxo http://www. kancrn.org/stream/index.cfm.

Kanungo, V.K. J.N. Verma e D.K. patel 2006. Características físico-químicas da lagoa doodhadhari de Raipur, Chhattisgarh. Ecol. Env. & Cons. 12(2): 207-209.

Katiyar S.K., e D.K. Belsare. 1997. Estudos limnológicos sobre os lagos Bhoopal: Comunidades de protozoários de água doce como indicadores de poluição orgânica. J.Environ. Biol. 18 (3) 271-282.

Kaur, H., S.S. Dhillon, K.S. Bath e G. Mander 1996. Componentes abióticos e bióticos de um lago de água doce de Patiala (Punjab). Poll. Res. 15 (3): 253-256.

Kaushik, S. e Saxena, D.N. 1999. Limnologia físico-química de certas massas de água da Índia central. In: K Vijaykumar (Ed.). Fresh water ecosystems of India. Daya. Publishing House. New Delhi. 1-58.

Kiran, R. e Ramachandra, T.V. 1999. Situação das zonas húmidas em Bangalore e seus aspectos de conservação. ENVIS J. of Human Settlements. 16-24.

Krisna Ram H. e M. Ramachandra Mohan .2006. Flutuação mensal dos parâmetros físico-químicos do lago Byramangala, distrito rural de Bangalore, Karanataka. J. Envirinment and Ecology 245 (4) 1007-1010.

Krisna Ram H. e M. Ramachandra Mohan .2007. Variações sazonais dos parâmetros físico-químicos do lago Byramangala, distrito rural de Bangalore, Karanataka. J. Envirinment and Ecology 13 (1-2) 327-328.

Krisna Ram H. e Mohan M. Ramachandra e Vishalakshi 2007. Estudos limnológicos no lago Kolaramma, Kolar, Karnataka. J. Environment and Ecology 25 (2) 364-367.

Kudari V. K., R.D.Kanamadi e Kadadevaru.2006. Estudos limnológicos dos reservatórios de Attiveri e Banchanki do distrito de Uttar kannada, Karnataka, Índia. Ecol. Env. & Cons. 12(1)87-92.

Madan Mohan Rao, V. Nrendra Rao e Mohmood S.K. 1996. Avaliação da qualidade da água e da poluição da lagoa de Narasgiri. Ecol. Env. & Cons. 2 (45-49).

Mamta Tiwari. 2005. Assesment of Physico - Chemical status of Khanpur Lake, Ajmer in relation to its impact on public helth. Ecol. Env. & Cons. 11 (3-4) 491-493.

Manisha Agarwal Deshmukh e M. C. Kanchan 2004. Estudos sobre as variações físico-químicas no reservatório "Paniki Dharamshala" de Jhansi, Índia. Ecol. Env. & Cons. 10 (3) 286-294.

Maya. C. G. Raviprasad, H. Krisna Ram e M. Lakshman. 2007. Estudos limnológicos sobre o lago Yellamallppa Chetty, Bangalore Karanataka. Indianjournal Environ & Ecoplan 14(1-2) 115-118.

Mishra, S.R. and Saksena, D.N. 1991. pollutional ecology with reference to physico-chemical characteristics of morar (Kalpi) river.Gawliar (M.P.).

Tendências actuais em Limnologia. 1: 159-184.

Rajesh Kumar e Kamal Kapoor. 2006. Monitorização da qualidade da água no que respeita às características físico-químicas de um lago tropical de

Cidade de Udaypur no Rajastão. Indian J. Environ. & Ecoplan. 12 (3) 775782.

Rawson, D.S. 1956. Indicadores de algas de um lago trófico. Type. Limnol. Oceanogr. 1: 195-211.

Rodhe, W. 1949. The ionic composition of lake waters, Verb. Int. Ver. Limnol. 10: 377-386.

Singh A. P., P.C. Srivasthava e S.K. Singn. 2007. Variações sazonais na qualidade da água dos lagos naturais de Nainithal, Índia. Ecol. Env. & Cons. 13 (1) 137-141.

Sudha Rani, p. e Manikya Reddy, p. 2004. Estudo comparativo das propriedades físico-químicas e ficológicas do lago Hussainsagar. Journal of Industrial pollution control.20 (2) 193-198.

Swingle, H.S. 1967. Normalização da análise química da água e das lamas. FAO. Fish-Rep. 4(4): 397-421.

Thirumathal, K., Sivakumar, A, A., Chandrakantha J. e Susheela K. P. 2002. Estudos físico-químicos sobre o reservatório de Amaravathi, distrito de Coimbatore, Tamil Nadu. Ecobiol - 14 (1) 13-17.

Trivedy e Goel P.K. 1987. Chemical and Biological Method for water pollution studies, Env. Publicação em Karad.

Welch, P.S. 1952. Limnology. Mac Graw Hills Book. Co., Nova Iorque.

Wetzel, R.G. 1983. Limnology 2nd edition Saunders. Coll. Publ. 267.

Yogesh Shastri, Y. D. Sonavane e S.D. Pingle.2004. Características físico-químicas da lagoa da aldeia perto de Nasik. J.Ecitixicol. Environ.Monit. 14(2) 137-141.

Zutshi, D.P. e Khan, A.V. 1998. Gradiente eutrófico no lago dial, Caxemira.

Indian J. Env. Health. 30(4): 348-354.

Capítulo - III Qualidade da água e estado dos lagos Kolar no Karnataka

3.0 Introdução

A água é o constituinte mais essencial e distintivo da Terra. A água preparou o terreno para a evolução da vida e é o ingrediente essencial de toda a vida atual. É um recurso renovável constituído pela fase líquida do ciclo hidrológico. A sua distribuição na superfície terrestre é também um fator determinante da localização atual dos agregados de vida, desde os recifes de coral às florestas tropicais e às povoações humanas.

A água é chamada "O elixir da vida". Sem água não haveria vida na Terra. O corpo normal de um adulto necessita de cerca de 2 a 3 litros de água por dia para beber. É interessante notar que um corpo humano adulto contém cerca de 35 a 50 litros de água, dos quais 2,5 a 2,8 litros são perdidos sob a forma de urina e suor. Os homens têm geralmente mais tecido de retenção de água do que as mulheres. De facto, 55 a 65% do corpo da mulher e 65 a 75% do corpo do homem são constituídos por água. O sangue humano é constituído por 83% de água, os músculos contêm 75% de água e os ossos 22% de água.

Entre as necessidades básicas do ser humano, a água é necessária para beber, tomar banho, lavar, cozinhar, irrigar, jardinar e praticar desportos de contacto com o corpo, como a natação, a patinagem aquática e a pesca, etc,

A água é a substância mais abundante que existe na Terra; cobre 70% da superfície terrestre. A água está distribuída na Terra da seguinte forma: 97,2% da água do planeta é água do mar e outros 2,15% estão encerrados em calotas polares e glaciares, apenas 0,65% estão sob a forma de lagos de água doce, lagos salgados, rios, águas subterrâneas, etc. A Índia recebe anualmente cerca de 4 000 mil milhões de metros cúbicos de precipitação. Deste total, a água acessível por escoamento superficial é de cerca de 1.869 mil milhões de metros cúbicos, mas a água utilizada é de cerca de 690 mil milhões de metros cúbicos. Cerca de 1.179

mil milhões de metros cúbicos de água são escoados para o mar. Este número dá-nos a esperança de que existe margem suficiente para a recolha e armazenamento de água.

O Instituto dos Recursos Mundiais estima que 41 000 quilómetros cúbicos de água por ano regressam ao mar a partir da terra, contrabalançando o transporte de vapor atmosférico do mar para a terra. No entanto, cerca de 27 000 quilómetros cúbicos regressam ao mar sob a forma de escoamento de cheias, que não pode ser aproveitado, e outros 5000 quilómetros cúbicos fluem para o mar em zonas desabitadas. Dos 41.000 quilómetros cúbicos que regressam ao mar, uma parte é retida em terra, onde a vegetação a absorve, mas a quantidade exacta não é conhecida. Este ciclo deixa cerca de 9000 quilómetros cúbicos disponíveis para exploração humana em todo o mundo, sob a forma de água superficial (lagos, tanques, lagoas, rios e ribeiros), água subsuperficial (água subterrânea, poços, etc.) e água atmosférica (precipitação).

Os seres humanos necessitam de água para diferentes fins, tais como domésticos - beber, cozinhar, tomar banho, etc. -, industriais, agrícolas, de transporte e desportos de contacto com o corpo. A agricultura é o principal dreno do abastecimento de água. Na Índia, cerca de 90% da água retirada da terra é utilizada para fins de irrigação agrícola. Cerca de 6% é utilizada para fins industriais e cerca de 6% é utilizada para uso doméstico.

A procura de água tem vindo a aumentar de dia para dia devido à explosão demográfica, à urbanização e à industrialização. Todos os anos, o dia 22 de março é recordado como o "Dia Mundial da Água". Este dia recorda-nos que o mundo tem continuado a ignorar os sinais de perigo de esgotamento dos recursos de água doce. A água disponível no planeta tem permanecido a mesma desde a criação e não foi inventada nenhuma tecnologia para a aumentar. Calcula-se que restem apenas 8,6 milhões de quilómetros cúbicos de água doce na Terra e as Nações Unidas prevêem que dois terços da população mundial viverão em regiões com escassez de água até 2025.

De acordo com outro relatório elaborado pelo "Water Supply and Sanitation Collaborative Council" com base no desempenho no fornecimento de água potável e de saneamento higiénico à sua população, a Índia foi classificada como uma das nações mais anti-higiénicas do mundo, onde mais de cinco mil crianças morrem todos os anos devido a más condições de higiene.

A manutenção da qualidade das fontes de água doce é um dever primordial de todos os cidadãos. Infelizmente, os seres humanos causam o principal impacto na qualidade da água. As crescentes influências antropogénicas, como a explosão demográfica, a industrialização descontrolada e a rápida urbanização nos últimos anos, nos sistemas aquáticos e nas suas bacias hidrográficas, contribuíram para a sua deterioração (poluição) para além do ponto de recuperação. Os lagos e lagoas situados nas zonas urbanas de todo o mundo tornaram-se os principais alvos de descarga de esgotos domésticos não tratados, de efluentes industriais químicos altamente tóxicos e de escoamento superficial. De acordo com as estatísticas sobre saneamento, na Índia, de um total de 3119 cidades, apenas 209 dispõem de instalações de tratamento de águas residuais. Além disso, segundo a revista "India Today", sob o título "Thirsty India", na Índia, os quatro metropolitanos geram mais de 900 milhões de litros de esgotos por dia, dos quais apenas 30% são tratados.

De acordo com um trabalho de investigação apresentado por Harish K Bhatt, do Instituto Indiano de Ciência, no Simpósio Asiático sobre Zonas Húmidas, realizado em Penang (Malásia) em agosto de 2001, Karnataka tinha cerca de 44 000 zonas húmidas artificiais construídas ao longo de séculos, incluindo mais de 2 300 grandes tanques no Estado, que cobrem cerca de 15% da área geográfica. As estatísticas actuais revelam que existem apenas 36 969 tanques. Antigamente, a comunidade local em torno do tanque estava envolvida na proteção das áreas de captação. As pessoas faziam uma manutenção regular, como o desassoreamento e a deservagem. Nessa altura, não existia poluição industrial nem ervas daninhas exóticas. Atualmente, a situação é completamente diferente. Muitas ameaças antropológicas em torno dos tanques assombram os lagos urbanos e rurais.

Objectivos do estudo:

Analisar os parâmetros físico-químicos de lagos seleccionados do distrito de Kolar.

Detetar o estado atual dos lagos Kolar Amanikere e Narasapura.

3.1 Revisão da literatura

Será pertinente rever o trabalho citado na literatura noutros locais, tanto na Índia como no estrangeiro. De facto, todo o estudo sobre lagos, reservatórios de água e rios inclui uma excelente descrição das características físicas, químicas e biológicas da água e do seu tratamento para purificação.

Ahmad c/ α/., (1993), estudou a correlação entre os factores físico-químicos e o zooplâncton durante as variações diurnas num tanque de água doce em Dholi (Bihar), Índia. As variações na abundância de zooplâncton mostraram um aumento distinto em direção ao nicho de superfície durante a noite e uma redução durante o dia. As características físico-químicas da água mostraram uma flutuação diurna bem marcada, mas apenas algumas espécies de zooplâncteres se mostraram significativamente correlacionadas.

Awasthi e Tiwari (2004) estudaram as tendências sazonais dos factores abióticos no lago Govindgarh, Rewa, Madhyapradesh. Foi observada uma relação inversa entre o oxigénio dissolvido e a temperatura. O lago era de natureza perene e alcalina. Os parâmetros que revelaram variações sazonais acentuadas incluem a temperatura, a transparência, o pH, o oxigénio dissolvido, o dióxido de carbono livre, a alcalinidade, o cálcio, o cloreto, os nitritos e os fosfatos. O estudo revela que o lago Govindgarh estava poluído.

Balakrishnan,V. e Karuppusamy, S. (2005), estudaram as propriedades físico-químicas de amostras de água potável recolhidas em quatro zonas de Palani (Tamil Nadu, Índia): (1) abastecimento de água do município de Palani, (2) água da lagoa de Idumban, (3) água do poço de Palaiandavarnagar e (4) água da torneira do Arulmigu Palani Andavar College. As amostras de água foram analisadas para determinar o pH, o carbonato, o bicarbonato, a alcalinidade total, o cloreto, o cálcio, a dureza do cálcio, a dureza total e o magnésio. O valor do pH (6,5-8,5), cloreto (250 mg/l), cálcio (46,3174,7 mg/l) e magnésio (30 mg/l) estavam dentro dos limites permitidos de acordo com os padrões ISI. O conteúdo de carbonato (1,72-20 mg/l) e o conteúdo de bicarbonato (48,28-160 mg/l) contribuíram para a alcalinidade total. Todas as amostras têm valores de dureza total dentro do valor padrão ISI de 500 mg/l.

Chandrasekhar c/ ^/... (2003), o impacto da urbanização no lago Bellandur, Bangalore. O estudo revela valores mais elevados de alcalinidade, CBO e CQO e baixos níveis de oxigénio dissolvido, o que indica a natureza poluída do lago. A urbanização das áreas circundantes levou à descarga de esgotos domésticos e efluentes industriais no lago, o que contribuiu para as tendências observadas.

Deshmukh e Kanchan (2004) efectuaram e analisaram um trabalho físico-químico no reservatório "paniki dharmashala", Jhansi, Índia. O teor de cloreto, o oxigénio dissolvido, a CBO, o dióxido de carbono livre, o teor de bicarbonato, a dureza total e o teor de cálcio da água apresentaram uma variação mensal extrema. O pH da água variava entre 7,09,3, incluindo o seu carácter alcalino. Os estudos dos diferentes parâmetros foram efectuados a duas profundidades onde as suas válvulas variavam. Os resultados revelaram que o reservatório se encontrava em situação de stress.

Dilip B. Patil c/ α/., (2000), estudou a qualidade da água do lago Gadchiroli. Foram recolhidos dados em quatro estações de amostragem para avaliar a qualidade da água para consumo humano e irrigação. Os parâmetros-chave para fins de irrigação foram a condutividade eléctrica e a percentagem de sódio, enquanto para fins de consumo humano foram utilizados parâmetros físicos e químicos. O estudo revela que a água não é segura para consumo humano. A qualidade da água é boa para irrigação.

Diwakar e Parthasarthy (1991) efectuaram um estudo sobre o estado trófico do tanque de Yediyur na cidade de Bangalore. O tanque de Yediyur está situado em Yediyur, a uma distância de 10 km da cidade de Bangalore. O estudo classificou o tanque como eutrófico e rico em nutrientes, principalmente fósforo e azoto. O estudo também identificou as fontes de nutrientes como sendo o afluxo de esgotos em bruto e o despejo de matéria orgânica no tanque. A água era imprópria quer para fins domésticos quer para a agricultura. O B.O.D. do tanque variava entre 4 e 58 mg/1, os valores de fósforo e azoto situavam-se entre 0,140 e 0,190 mg/1 e entre 05,0 e 180,0 mg/1, respetivamente. Verificou-se que a biomassa de algas está relacionada com o teor de fósforo da água do lago. No entanto, o estudo não estabeleceu o nutriente que limita o crescimento das algas.

Elezabeth c/ α/., (2005), estudou a análise da água do lago Hussainsagar, Hyderabad, Andrapradesh, e a biorremediação de alguns poluentes por fungos. A análise físico-química e microbiana da água do lago Hussainsagar foi efectuada utilizando métodos normalizados de análise da água. Entre os parâmetros físicos testados, a condutividade da água excedeu o limite permitido. A maior parte dos parâmetros químicos e microbiológicos da amostra estavam para além dos limites permitidos, indicando que esta água estava altamente poluída e não era potável.

Hellawell (1986), trabalhou sobre indicadores biológicos de poluição de água doce e gestão ambiental. Trata-se de um livro de referência muito completo da literatura sobre os efeitos dos poluentes, os métodos de diagnóstico e os efeitos da perturbação habitável.

Himansu B. Mahanda c/ α/., (2005), estudou os parâmetros físico-químicos e biológicos do ecossistema de lagoas de água doce como indicador da poluição da água. A lagoa de água doce da cidade de Kuchinda, Muktair Bandh, foi selecionada para o estudo dos factores físico-químicos e biológicos em função da sua importância do ponto de vista da poluição e do grau de utilidade para a população local. O presente estudo sobre a ecologia e as águas superficiais desta lagoa de água doce abrangeu uma série de aspectos, desde os parâmetros abióticos e bióticos até à avaliação da poluição durante nove meses em 19951996, revelando assim uma imagem real da qualidade da água da lagoa. O resultado revela que a lagoa está poluída.

Hosamani e Vasanth Kumar (1998), estudaram os parâmetros físico-químicos nos lagos Kukkrahalli e Dalwai, indicando uma elevada percentagem de produtos químicos no lago Kukkarahalli. A percentagem de parâmetros bioquímicos é correspondentemente baixa e ambos os lagos parecem ser altamente produtivos. Estas águas têm um DO comparativamente baixo, enquanto os teores de fosfato e azoto são relativamente elevados e revelam uma abundância quantitativa de florescências de plâncton que afinam as águas altamente tropicais.

Jadav c/ α/., (2006), estudou as características físico-químicas do tanque de peixes de Gharni durante o período de julho de 2002 a junho de 2003. Foram estudados os diferentes parâmetros, como o pH, a temperatura, o oxigénio dissolvido, o dióxido de carbono livre, a alcalinidade do carbonato, o cloreto, os sólidos dissolvidos, a dureza total e o nitrato. Foram observadas alterações sazonais distintas nestes parâmetros.

Jockson (1989), afirmou que os lagos subtropicais têm uma temperatura à superfície que nunca desce abaixo dos 4^0 C. Os lagos tróficos com temperaturas superficiais elevadas (20^0 a 30^0 C.), gradientes fracos e poucas mudanças sazonais de temperatura em qualquer profundidade. A diferença de densidade da água resultante mesmo de um ligeiro gradiente térmico produz, no entanto, uma estratificação estável ao longo do ano.

Kanungo, *et al.,* (2006), estudaram as características físico-químicas da lagoa Doodhadahri de Raipur, Chhattisgarh. Os valores obtidos para vários parâmetros físico-químicos como a CBO, a CQO, o azoto e o fósforo são bastante semelhantes aos de outras lagoas eutrofizadas do país. O valor mais elevado do azoto e do fósforo contribui para o enorme crescimento do fitoplâncton, pelo que a água parece verde-azulada durante todo o ano.

Katiyar, et al., (1997), efectuaram um estudo limnológico dos lagos de Bhopal. Comunidades de protozoários de água doce como indicador de poluição orgânica.

A rápida poluição orgânica de três lagos urbanos da cidade de Bhopal afectou a taxa de colonização da fauna de protozoários de água doce. No lago Manasasarover foi encontrada uma tendência inversa no caso do estado dos nutrientes, embora seja homotérmico. A taxa de colonização de protozoários nestes dois lagos foi elevada durante a estação quente e baixa durante a estação fria. O lago inferior não registou qualquer alteração notável em NO_3 - N e PO_4 - P durante a estação fria e quente, embora também seja homotérmico e tenha um valor constante de água. A colonização por protozoários do substrato artificial foi monitorizada em cada lago e correlacionada com o NO_3 - N e o PO_4 - P. Observou-se uma correlação positiva significativa no lago superior e no lago inferior, mas a correlação negativa foi observada no lago Manasasarover. Assim, as investigações demonstraram claramente o potencial da colonização por protozoários como indicador de poluição orgânica e para fins de monitorização. Assim, são necessárias mais investigações para confirmar muitos outros factos relativos ao papel das comunidades de protozoários de água doce como indicadores de poluição orgânica e de metais pesados.

Krishna Ram e Ramachandra Mohan (2006) estudaram a flutuação mensal dos parâmetros físico-químicos do lago Byramangala, no distrito rural de Bangalore. O estudo revelou uma flutuação acentuada dos valores de diferentes parâmetros no lago. A água do lago Byramangala estava extremamente poluída, como indicado pelo baixo nível de DO e pela elevada carga de todos os parâmetros.

Krishna Ram e Ramachandra Mohan (2007) estudaram a variação sazonal dos parâmetros físico-químicos do lago Byramangala, distrito de Bangalore, Karnataka. Os dados físico-químicos revelam um nível muito elevado de poluição no lago e um estado eutrófico e exigem medidas urgentes para controlar a poluição e restabelecer a qualidade da água do lago.

Krishna Ram c/ α/,(2007), registou estudos limnológicos no lago Kolaramma, Kolar, Karnataka. Os estudos concluem que o lago está poluído e a água não pode ser utilizada para fins domésticos. O lago é impróprio para beber para animais, devido à abundância de florescimento de algas e porque a concentração de todos os parâmetros da água é elevada.

Kudari, c/ α/., (2006), estudou que os estudos limnológicos dos reservatórios de Attiveri e Bachanki foram realizados, os parâmetros físico-químicos foram investigados durante um período de fevereiro de 2003 a março de 2004. A correlação entre os parâmetros físico-químicos de ambos os reservatórios foi avaliada estatisticamente utilizando a matriz de correlação. Existe uma correlação positiva significativa entre cloretos e fluoreto (P < 0,01), temperatura e condutividade (P < 01), condutividade e salinidade (P 0,001), transparência e azoto amoniacal (P < 0,01) e transparência e pH (P < 0,001). Foi observada uma correlação negativa significativa entre fluoreto e nitrato (P < 0,01), fluoreto e sólidos totais dissolvidos (P < 0,01), pH e nitrato (P < 0,05), e temperatura da água e nitrogénio amoniacal. Sugere-se que o reservatório de Attiveri deve ser protegido de actividades antropogénicas para conservar a avifauna e este santuário de aves.

MadanMohanRao *etal ,* (1996), estudaram os aspectos físico-químicos e

O exame biológico da água da lagoa de Narsingi foi efectuado de janeiro de 1988 a dezembro de 1989 com referência à população de fitoplâncton. Concluiu-se que o abastecimento de água desta fonte é adequado para fins industriais e de irrigação, mas não pode servir como alternativa à escassez de água potável.

Mamata Tiwari (2005), avaliação do estado físico-químico do lago Khanpura, Ajmer, em relação ao seu impacto na saúde pública. O lago recebe resíduos da aldeia de Khanpura e das zonas adjacentes. As pessoas que vivem perto do lago utilizam-no para fins de irrigação, enquanto o gado utiliza a água para beber e tomar banho, sofrendo frequentemente de várias doenças transmitidas pela água. A água da lagoa continha valores elevados de TDS, CBO, CQO, alcalinidade, dureza e cloreto, que estão para além dos limites de segurança, indicando uma degradação grave da qualidade da água.

Maya et al.,(2007), efectuaram estudos limnológicos no lago Yellamallappa Chetty, em Bangalore. O estudo concluiu que foram observadas alterações visíveis em muitos parâmetros de qualidade da água: concentrações elevadas de nutrientes, aumento da incidência de proliferação de algas nocivas e valores do índice do estado trófico indicam que o lago pode ser atualmente classificado como eutrófico.

Munavar Pasha e Ramalingaiah (1993) efectuaram um estudo do estado trófico do tanque de Maddur, Maddur, distrito de Mandya. O estudo foi realizado de julho de 1992 a janeiro de 1993, tendo sido recolhidas cerca de 192 amostras de água. Foram analisados 27 parâmetros de qualidade da água. O estudo concluiu que o fósforo total era o nutriente limitante. O estudo classificou ainda o lago Muddur como mesotrófico. A água do lago era constituída por 68% de iões de cálcio e bicarbonato, seguidos de sódio 8%, magnésio 9%, carbonato 3%, cloreto 8% e sulfato 4%. O rácio catião anião era de 1:13. O estudo concluiu que a água do lago Maddur era adequada para a piscicultura.

Murthy e Susant Kumar (1994) provaram que a eutrofização tem sido uma das perturbações antropogénicas mais graves e generalizadas nos ecossistemas aquáticos e que a razão para a eutrofização do lago Chilca pode ser atribuída ao escoamento de terras de campos agrícolas que são alimentados por fertilizantes inorgânicos, medidas animais e solo noturno.

Nagarathana e Hosamani (2002) estudaram a inter-relação entre os parâmetros físico-químicos e o fitoplâncton num lago poluído (Suleker Tank) do distrito de Mandya e concluíram que o lago estava eutrofizado, o que é indicado pela dominância de espécies de algas cianofíceas.

Poole (1978), considerou que a poluição tem um efeito separado do equilíbrio entre a fotossíntese (p) e a respiração (R). No equilíbrio (P:R), a composição química e biológica da água permanece inalterada, uma fase que ocorre maioritariamente apenas em águas não poluídas sem fornecimento externo de nutrientes, No_3 , So_4 e Co_2 em N_2 , NH_4 , H_2 S e CH_4 que são prejudiciais a várias espécies aquáticas e produzem odores típicos.

Premlata c/ ^/... (2006), estudou as características físico-químicas do lago Pichhola, Rajasthan. A água foi analisada em relação a vários parâmetros físico-químicos, como a temperatura da água, o pH, o oxigénio dissolvido (OD), a carência bioquímica de oxigénio (CBO), etc. Durante todo o período de estudo, os valores de cloreto, nitrato, fosfato, dureza e CBO foram bastante elevados, indicando assim o estado eutrófico do lago.

Rai (1993), estudou a poluição do lago Nainital e os resultados mostraram que o lago era impróprio para quaisquer fins. Identificaram factores como a ocupação humana na zona de captação. O turismo e outras actividades recreativas que determinam a qualidade do lago.

Rajesh Kumar c/ α/., (2006), estudou a monitorização da qualidade da água no que respeita às características físico-químicas de um lago trófico da cidade de Uadaipur, no Rajastão. A água de uma massa de água doce trófica, ou seja, o lago Bari, foi analisada com base nas amostras de água recolhidas em intervalos mensais de dois anos consecutivos, de novembro de 2000 a outubro de 2002. A água deste lago foi considerada adequada para beber e para outros fins após comparação com os limites normalizados. Naqueles anos, a zona de Udaipur ou todo o Estado do Rajastão recebeu menos precipitação. O lago Bari recebia água de muitas nullah sazonais e da génese do rio Bedach. Este lago também recebeu água de escoamento de terras agrícolas. Concluiu que é necessário obter informações e dados de base sobre os hábitos aquáticos de água doce, a fim de desenvolver estratégias eficazes e adequadas para a gestão dos nossos reservatórios naturais e artificiais.

Raju e Ramalingaiah (1992) realizaram um estudo sobre o estado trófico da água do tanque de Mandya na cidade de Mandya, entre outubro de 1991 e fevereiro de 1992, tendo sido recolhidas cerca de 160 amostras de água em 10 estações pré-determinadas na área de estudo. Estas foram analisadas relativamente a 26 parâmetros de qualidade da água. O estudo concluiu que o estado trófico do tanque de Mandya era eutrófico. Além disso, o estudo concluiu também que o fósforo total era o nutriente que limitava o crescimento das algas no tanque. O estudo concluiu também que 50% do total dos iões principais eram constituídos por cálcio e bicarbonato.

Ramalingaiah (1985), referiu que a temperatura da água natural é um dos parâmetros importantes porque regula muitas reacções físicas, químicas e biológicas. A água altera-se consideravelmente se a sua temperatura for alterada. Um aumento da temperatura da água é alterado. Um aumento da temperatura da água de um lago pode acelerar. A eutrofização e o processo de envelhecimento podem danificar o ecossistema sensível.

Sakhare, V.B. (2004), analisou dois reservatórios importantes (Bori e Hangarga) no distrito de Osmanabad, Maharashtra, Índia, para avaliar as propriedades físico-químicas da água. As amostras de água foram recolhidas nos sectores lótico, lêntico e intermédio de ambos os reservatórios. Os factores físico-químicos analisados foram o pH, a dureza total, os cloretos, os sólidos totais dissolvidos, os carbonatos, os bicarbonatos, o oxigénio dissolvido e a temperatura da água. O pH da albufeira de Bori era quase neutro (6,9-7,0), enquanto o pH da água de Hangarga era alcalino (8,0-8,2). A dureza total depende da quantidade de sais de cálcio e magnésio dissolvidos na água, variando de 100-116 mg/l em Bori e 94-106 mg/l em Hangarga. A concentração de cloreto situou-se entre 35,45, 42,54 mg/l e 21,27-32,0 mg/l em Bori e Hangarga. Os valores de sólidos totais dissolvidos (195 a 225 mg/l respetivamente para Bori e Hangarga) estavam dentro dos limites dos padrões de água potável. Os valores de alcalinidade estavam abaixo dos limites. O oxigénio dissolvido situou-se entre 5,2 e 9,1 mg/l e 3,8 e 7,2 mg/l para Bori e Hangarga. Conclui-se que a água dos dois reservatórios é adequada para fins de consumo.

Saradhi, c/ α/., (2005), estudou as propriedades físico-químicas da água do Tarai no Uttaranchal. Foram analisadas as propriedades físico-químicas de 98 amostras de água recolhidas em diferentes locais na região do Tarai do Uttaranchal, Índia, durante 2002-2003. A maioria das amostras apresentou uma reação alcalina e um elevado grau de dureza. No entanto, as amostras têm temperatura, condutividade, sólidos totais dissolvidos, salinidade e oxigénio dissolvido normais. Os resultados indicaram que as amostras de água são inadequadamente cloradas.

Schindler (1971), observou que um aumento na produtividade e biomassa ocorre quando o volume de água diminui em relação à área da bacia hidrográfica.

Selvaraj e Kumar (1981), asseguram que foram efectuados parâmetros físico-químicos e biológicos na lagoa de Kalivuneer e na lagoa de Thermalkuln em Tamil Nadu. Verificou-se que os lagos eram mesotróficos.

Shashishankar e Shivalingaiah (1992) efectuaram um estudo sobre o estado trófico do lago Hebbal, do lago Sankey e do lago Lalbagh na cidade de Bangalore. O estudo foi realizado de outubro de 1991 a fevereiro de 1992. Durante este período, foram recolhidas 45 amostras dos três lagos estudados. Estas amostras foram analisadas relativamente a 26 parâmetros de qualidade da água. O estudo concluiu que, em todos os lagos estudados, o fósforo total era o nutriente limitante. O estudo concluiu que o lago Hebbal estava claramente classificado como eutrófico. Já o lago Sankey era oligotrófico e o lago Lalbagh era classificado como mesotrófico. O estudo concluiu ainda que o bicarbonato de cálcio e o sódio contribuíam com 50% do total de iões nos três lagos estudados.

Shyamaia, Vijayavathi c/ α/., (2006), estudou a caraterização físico-química do reservatório de Orathupalyam, Tirupur, Temil Nadu, e indicou que os valores de pH, CE, TS, TSS, TDS, Alcalinidade Total, TH, DO, CBO, CQO, Ca livre (O_2), Mg, Cloreto, Sulfato, Fosfato e Nitrato estavam acima dos limites permitidos pelo BIS (Bureau of Indian Standards). A presente investigação trata do estudo do desempenho de crescimento do milheto pérola na água do reservatório, o que revela que o solo do local de controlo e do local 1 sofreu alterações mínimas nas propriedades do solo devido à irrigação com água e teve um desempenho melhor do que outros locais de amostragem, muito afetado foi o solo da amostra do local 5, que produziu menor rendimento.

Singh c/ α/., (2007), observou variações sazonais na qualidade da água dos lagos naturais de Nainital. A presente investigação foi realizada para analisar alguns parâmetros de qualidade da água e a carga de catiões e aniões na água de vários lagos naturais, nomeadamente Naukuchiatal, Punatal, Sitatal, Ramtal, Hanumantal e Nainital, Uttaranchal, durante 2003-2005. As amostras de água foram recolhidas durante o verão e o outono e foram analisadas em relação a vários parâmetros. Verificou-se que os valores de pH variavam de neutro a ligeiramente alcalino, dentro dos limites permitidos. Entre todos os lagos estudados, em termos relativos, Nainital foi considerado o mais poluído, enquanto Punatal sofreu uma poluição mínima. A qualidade da água destes lagos diminuiu durante o verão, altura em que se registou o maior número de actividades turísticas. Para a conservação destes lagos, que são a glória e a beleza imaculada desta região, é necessário um controlo regular e medidas regulamentares reflectidas. É urgente proceder a um controlo regular e adotar medidas regulamentares de reflexão.

Sreekantha e Narayana (2000) estudaram as características físico-químicas do tanque de Bellandur, localizado em Bangalore, onde as actividades residenciais, industriais e comerciais nas bacias hidrográficas foram reconhecidas como fonte de poluição.

Sudharani Anand c/ α/., (2004), observou um estudo comparativo dos parâmetros físico-químicos e dos parâmetros fitoplanctónicos do lago Hussainsagar, tendo o estudo sido realizado durante um período de dois anos. Uma vez que as propriedades físico-químicas influenciam o fitoplâncton, foi também avaliada a sua composição percentual em vários grupos. Os resultados, quando comparados com os dados anteriores, mostraram que o nível populacional da água do lago diminuiu em vários graus e, atualmente, todos os parâmetros se encontram dentro dos limites permitidos.

Surve c/ α/., (2005), estudou as características físico-químicas da água da barragem de Derla, distrito de Nanded (M.S.), Índia. Foram estudadas as variações sazonais da temperatura atmosférica, da temperatura da água, do pH, do oxigénio dissolvido, da alcalinidade do carbonato e do dióxido de carbono durante o ano de 1999. As amostras de água foram recolhidas mensalmente nas três estações de amostragem S_1 , S_2 e S_3 . Durante o estudo, observou-se uma relação negativa entre a temperatura da água e o oxigénio dissolvido e o pH e o dióxido de carbono.

Syed Abu Sayeed Mohammed e Ramalingaiah, (1999), efectuaram um estudo do estado trófico do lago Bellandur, na cidade de Bagalore, entre agosto de 1999 e novembro de 1999. Foram recolhidas 119 amostras em 12 estações de superfície e 5 estações de subsuperfície pré-determinadas da área de estudo. Estas amostras foram analisadas em relação a 27 parâmetros de qualidade da água. O estudo concluiu que o estado trófico do lago Bellandur era eutrófico. Além disso, o estudo também concluiu que o fósforo total era o nutriente que limitava o crescimento das algas no tanque e era impróprio para a aquicultura. Além disso, o estudo também concluiu que a água do lago é constituída por 32% de iões totais de magnésio, 24% de biocarbonato, 15% de sódio, 15% de cloretos e 12% de cálcio. O rácio anião/cátion foi de -0,66 e o rácio catião/anião foi de 1,51.

Syed Asema c/ α/., (2006), observou um nível de poluição no lago Salim Ali, Aurangabad. Um estudo de caso, parâmetros físico-químicos foram estudados durante janeiro de 2004 e os valores foram pH 8.40; condutividade 125 µmohs⁄cm; alcalinidade 82.0mg⁄l; temperatura 23^0 C; cloreto 220 mg⁄l; nitrato 295mg⁄l; oxigénio dissolvido 1.2mg⁄l; COD. 9,7 mg⁄l; CBO 32 mg⁄l e parâmetros bacterianos como coliformes totais 2000 MPN/100 ml foram relatados para a água do lago. Ao analisar os dados dos diferentes parâmetros estudados, verificou-se que a água do lago estava altamente poluída.

Thirumathal. c/ ^/... (2002), estudou as características físico-químicas do reservatório de Amaravathy, localizado a sul de Udumolpet, distrito de Coimbatore, de janeiro a dezembro de 1998. A temperatura variou entre 23,0 e $28{,}1^0$ C. A transparência foi de 15 a 49 cm. Os sólidos totais dissolvidos variaram entre 96 e 189 mg/l. Os nutrientes como o cálcio, o magnésio e o fosfato variaram em todos os meses. O teor de cloreto variou de 7,1 mg a 21,3 mg/l. O teor de oxigénio dissolvido situou-se entre 5,5 e 7,2 mg/l e a alcalinidade total oscilou entre 45mg/l e 130 mg/l.

Tiwari (1999) estudou os problemas ecológicos no lago superior de Bhopal e concluiu que o lago está a ficar gravemente poluído e que os problemas que se colocam na região do lago superior de Bhopal são a erosão do solo e o assoreamento do lago, sendo sugeridas algumas medidas para travar a continuação da degradação da qualidade da água.

Umesh e Ramalingaiah, (1989), realizaram um estudo sobre o estado trófico do tanque de Bannur, Bannur, distrito de Mysore, entre outubro de 1988 e março de 1989, tendo sido recolhidas 85 amostras nas estações pré-determinadas da área de estudo. Estas amostras foram analisadas relativamente a 19 parâmetros de qualidade da água. O estudo concluiu que o estado trófico do tanque de Bannur era mesotrófico. Além disso, o estudo concluiu também que o fósforo total era o nutriente que limitava o crescimento das algas no tanque. Além disso, o estudo concluiu também que 76% do total dos iões principais eram constituídos por cálcio e bicarbonato.

Wilson (1998) estudou o impacto da eutrofização cultural do tanque Sankey, na cidade de Bangalore. Verificou-se uma grande mortalidade de peixes no tanque Sankey da cidade de Bangalore devido ao forte afluxo de águas residuais e de águas pluviais de alta temperatura. O exame físico-químico e bacteriológico periódico da água prova que a água está altamente eutrofizada e não é adequada para fins legítimos.

Yogesh shastri c/ α/., (2004), estudou as características físico-químicas de uma lagoa de uma aldeia perto de Nasik, de julho a dezembro de 1999. O parâmetro variou de temperatura 17-25^0 C, pH - 7.27-7.69, oxigénio dissolvido 2.61-6.64mg/l, CO livre$_2$ 00-99mg/l, alcalinidade 10-30mg/l, cálcio 14.42-56.11mg/l, dureza 160-326mg/l e cloreto 176-362mg/l. Com base nos factores físico-químicos acima mencionados, pode concluir-se que a água desta lagoa é muito dura. O nível mais elevado de cálcio neste estudo tem um impacto no odor desagradável da água e torna-a imprópria para beber.

Zutshi e Khan (1988) efectuaram um estudo sobre o mundialmente famoso lago Dal, em Caxemira. Com base em estudos hidroquímicos e biológicos, foi estabelecido um gradiente trófico entre as zonas costeiras e não costeiras do lago Dal. As zonas costeiras receberam grandes quantidades de águas residuais não tratadas e de escoamento agrícola, pelo que se registou uma elevada concentração de nutrientes na água e a presença de uma densa população de fitoplâncton nessas zonas. As zonas ao largo do lago Dal, perto de povoações humanas e de barcos, apresentavam um nível trófico mais elevado em comparação com a zona de águas abertas. Este facto é evidente na zona costeira. O transporte horizontal de nutrientes não era suficientemente elevado e, por este facto, a zona de águas abertas estava ainda em boas condições. O curso do atual fluxo de água do lago tem uma grande influência na manutenção do gradiente trófico inshoreoffshore.

3.3 Materiais e métodos

3.3.1Local de estudo

3.3.2Local de estudo

O distrito de Kolar é um dos distritos da área de Maiden de Karnataka, com uma área geográfica de cerca de 8240,00 km2 e uma população de cerca de 25 lakhs (N 12 0, 4 6"- 13 0" Latitude e E 77 0,21 - 78 0 35" Longitude). É um distrito predominantemente agrícola. Onde a principal profissão da massa rural é a agricultura, a precipitação média anual do distrito situa-se entre 700 e 750 mm. Existem rios perenes fluindo no distrito, exceto rios sazonais como o Palar. No distrito de Kolar, existem mais de 1200 tanкs na bacia de Palar com uma área estimada em cerca de 2 0,00.00 Hectares. Neste estudo, seleccionámos lagos da bacia do rio Palar de Kolar Taluк, Kolar, Karnataka.

3.3.2.1 Kolar Amanikere

Está situado no Kolar - Bangalore Road (N H4) a leste da cidade de Kolar. É um lago natural com uma área total de um quilômetro e meio quadrado e uma profundidade média de 2,20 m. Agora o lago acabou por ser impróprio para o consumo humano e para fins agrícolas e industriais. Ele recebe uma enorme quantidade de esgoto doméstico. No fundo, a água parece esverdeada com a proliferação periódica de algas ao longo do ano.

3.3.1.2 Lago Narasapura

Está situado na estrada Bangalore (NH 4) a leste da cidade de Kolar e fica a 15 km da sede do distrito de Kolar. O lago é feito pelo homem, alimentado pela chuva e muitas vezes usado por pessoas para beber gado e lavar roupas. A área de captação é de 9,54 km2 e a área de distribuição de água é de 8,0 hectares. Normalmente, a água deste lago é castanha e está poluída por resíduos agrícolas e humanos.

3.3.2 Programa de amostragem

O estudo foi realizado durante um período de seis meses, de março a agosto de 2007. As amostras foram recolhidas em intervalos mensais em pontos de amostragem de superfície pré-determinados. A amostragem de grãos foi efectuada nas entradas do lago e nas saídas do tanque para avaliar as suas qualidades físicas e químicas.

3.4. Métodos laboratoriais

3.4.1pH: o pH é definido como a intensidade do carácter ácido ou básico de uma solução a uma dada temperatura. O pH é o logaritmo negativo da concentração de iões de hidrogénio. pH = - log[H^+]. Os valores de pH de 0 a 7 são cada vez mais ácidos, enquanto os valores de 7 a 14 são cada vez mais alcalinos. O princípio básico da medição electrométrica do pH é o da atividade dos iões de hidrogénio por medição potenciométrica, utilizando um elétrodo de hidrogénio padrão e um elétrodo de referência. Também se pode utilizar um elétrodo de vidro em vez do elétrodo de hidrogénio. A força eletromotriz (emf) produzida no sistema de eléctrodos de vidro varia linearmente com o pH. instrumento para a medição do pH, (Modelo: Combo) fabricado por Hanna Instruments (P) Ltd. O medidor de pH foi calibrado com soluções tampão e o instrumento foi imerso numa amostra bem misturada e as leituras foram anotadas (Ramteke e Moghe, 1988).

3.4.2Temperatura: A medição da temperatura é um parâmetro importante para se ter uma ideia da auto-purificação das albufeiras e dos lagos. A temperatura da água desempenha um papel importante na saúde do ecossistema aquático. A temperatura da água potável tem influência no seu sabor. A temperatura é medida com base no aumento dos níveis de mercúrio numa escala graduada. O método eletrométrico de medição da temperatura baseia-se nos eléctrodos sensíveis à temperatura. Instrumento para a medição da temperatura, (Modelo: Combo) fabricado por Hanna Instruments (P) Ltd. O instrumento foi imerso numa amostra de água completamente agitada e as leituras (em^0 C) foram anotadas (Ramteke e Moghe, 1988).

3.4.3Dureza: A dureza da água é a medida da capacidade da água para reagir com o sabão. O cálcio e o magnésio são os principais catiões que conferem dureza. A dureza total da água reflecte, portanto, a soma total dos catiões de metais alcalinos presentes na água. A dureza causada por bicarbonatos e carbonatos de catiões de cálcio e magnésio é chamada dureza temporária. Os sulfatos e cloretos de cálcio e magnésio causam dureza permanente. A dureza natural da água depende da natureza geológica da área de captação. A dureza desempenha um papel importante na distribuição do biota aquático e muitas espécies são identificadas como indicadores de águas duras e moles.

CÁLCULO:

$$\text{Total Hardness, mg/l. } \mathbf{as\ CaCO_3} = \frac{\text{(ml*N) of EDTA* 1000}}{\text{ml of sample taken}}$$

3.4.4Condutividade: A Condutividade é uma expressão numérica da capacidade de uma solução aquosa transportar corrente eléctrica. Esta capacidade depende da presença de iões, da sua concentração total, mobilidade, valência e concentrações relativas e da temperatura de medição. As medições de condutividade podem ser utilizadas para calcular o total de sólidos dissolvidos, multiplicando a condutividade (em µS⁄cm) por um fator empírico, que varia entre 0,55 e 0,9, dependendo dos componentes solúveis da água e da temperatura de medição. O instrumento utilizado para a medição da condutividade é constituído por uma fonte de corrente alternada, uma ponte de Wheatstone, um indicador nulo e uma célula de condutividade. A célula de condutividade mede a relação entre a corrente alternada que atravessa a célula e a tensão que a atravessa. Instrumento para a medição da condutividade eléctrica (Modelo: Combo) fabricado por Hanna Instruments (P) Ltd. A Condutividade Eléctrica (CE em µS⁄cm) das amostras de água foi obtida por imersão dos eléctrodos numa amostra bem misturada (Ramteke e Moghe. 1988).

3.4.5Sólidos totais dissolvidos: Os sólidos totais dissolvidos (TDS) são os sólidos filtráveis que permanecem como resíduo após a evaporação e subsequente secagem a uma temperatura definida. Dá a medida dos iões dissolvidos na água. Na medição electrométrica dos Sólidos Totais Dissolvidos, as medições de condutividade são utilizadas para calcular os Sólidos Totais Dissolvidos multiplicando a condutividade (µS⁄cm) por um fator empírico, que varia entre 0,55 e 0,9, dependendo dos componentes solúveis e da temperatura de medição. Instrumento para a medição dos sólidos dissolvidos totais (Modelo: Combo) fabricado por Hanna Instruments (P) Ltd. Os Sólidos Totais Dissolvidos (mg⁄l) das amostras de água foram obtidos por imersão dos eléctrodos numa amostra bem misturada (Ramteke_e Moghe, 1988).

3.4.6Oxigénio dissolvido: O oxigénio dissolvido (OD) na água afecta o estado de oxidação-redução de muitos dos compostos químicos, como o nitrato e o amoníaco, o sulfato e o sulfito e os iões ferrosos e férricos. É extremamente útil na auto-purificação das massas de água. A redução dos níveis de DO provoca um estado anaeróbio na água e afecta negativamente a biota aquática. Grande parte do DO na água provém da atmosfera devido à ação do vento. As algas e as plantas aquáticas enraizadas também libertam oxigénio para a água através da fotossíntese. O teor de oxigénio da água natural varia com a temperatura, a salinidade, a turbulência, a atividade fotossintética das algas e das plantas superiores e a pressão atmosférica. A quantidade de oxigénio na água varia ao longo de um dia. Este facto deve-se aos processos fotossintéticos e respiratórios das algas e das plantas superiores.

Quando se adiciona sulfato de manganês à amostra que contém iodeto de potássio alcalino, forma-se hidróxido de manganês, que é oxidado pelo oxigénio dissolvido na amostra em óxido básico de manganês. O óxido básico de manganês liberta iodo equivalente ao do oxigénio dissolvido originalmente presente na amostra. O iodo libertado é titulado com uma solução padrão de tiossulfato de sódio, utilizando o amido como indicador.

Determinação do oxigénio dissolvido: A amostra foi recolhida numa garrafa de CBO de 125 ml com cuidado, sem deixar bolhas de ar. Adicionou-se 1 ml de sulfato manganoso e 1 ml de reagente iodeto alcalino - azida. Formou-se um precipitado castanho de óxido básico de manganês e deixou-se assentar. Adicionar 1 ml de ácido sulfúrico concentrado e misturar bem até à dissolução do precipitado. Tomar cerca de 25 ml da solução e titulá-la com tiossulfato de sódio até ao aparecimento de uma cor amarelo-palha. Adicionaram-se algumas gotas de indicador de amido e titulou-se novamente até ao desaparecimento da cor azul (Manivasakam, 1997).

CÁLCULO:

$$\text{Dissolved oxygen, mg/l} = \frac{\dfrac{(\text{ml*N}) \text{ of sodium thiosulphate} * 8 *}{1000}}{V_2\,[(V_1 - V)/\,V_1]}$$

Onde,

V_i = Volume do frasco de amostra

V_2 = Volume do conteúdo titulado

V - Volume de $MnSO_4$ e KI adicionado (2ml)

3.4.7Carência bioquímica de oxigénio: Trata-se de um método empírico semi-quantitativo, baseado na oxidação da matéria orgânica por microrganismos adequados durante um período de 5 dias. O grau de consumo de O_2 mediado por micróbios na água é conhecido como carência bioquímica de oxigénio.

Este parâmetro é geralmente medido pela quantidade de O_2 utilizada por microrganismos aquáticos adequados durante um período de 5 dias. Encher uma garrafa de incubação com tampa de rosca (250-300 ml) até à borda com a amostra diluída restante. Selar a garrafa e incubar no escuro durante 5 dias a 20^0 C. Medir o DO numa alíquota da amostra (D_2).

$$\text{BOD mg/l} = \frac{(D_1-D_2) - (B_1-B_2)}{P}$$

3.4.8Cálcio: Colocar 100 ml de amostra de água num erlenmeyer, juntar uma pitada de indicador negro de ericrómio-T, 5 ml de ácido sulfúrico diluído e 5 ml de solução-tampão. Titular com solução padrão de EDTA até que a cor mude de vermelho-vinho para azul. É expresso em termos de mg/l.

3.4.9Sódio: Preparar soluções-padrão para calibração do fotómetro de chama, anotar as leituras e, se necessário, proceder à diluição. Exprime-se em termos de mg/l.

3.4.10 Cloreto: O anião cloreto está geralmente presente nas águas naturais. A presença de cloreto nas águas naturais pode ser atribuída à dissolução de depósitos de sal, drenagem de irrigação e descargas de esgotos. Os excrementos humanos, em particular a urina, também contribuem para uma elevada quantidade de cloretos. O elevado teor de cloreto também tem um efeito prejudicial nas culturas agrícolas. Padronização do nitrato de prata: Num erlenmeyer, colocaram-se cerca de 25 ml de cloreto de sódio 0,0141 N e adicionaram-se 2 ml de indicador cromato de potássio. A solução foi titulada com nitrato de prata até ao aparecimento de um precipitado vermelho-tijolo de cromato de prata. Anotou-se o volume de nitrato de prata consumido (Ramteke e Moghe, 1988). Determinação dos cloretos na amostra: Colocaram-se cerca de 25 ml de amostra de água num frasco cónico e adicionaram-se 2 ml de indicador de cromato de potássio. A solução foi titulada com nitrato de prata padronizado até à formação de um precipitado de cromato de prata de cor vermelho-tijolo. Anotou-se o volume de nitrato de prata consumido.

CÁLCULO:

$$\text{Chloride, mg/l} = \frac{\dfrac{(\text{ml*N})\text{ of }AgNO_3 * 35.5 *}{1000}}{\text{ml of sample taken}}$$

3.4.11 Magnésio: O filtro do fotómetro de chama é regulado para o magnésio, sendo preparada uma solução padrão para a calibração. As amostras são filtradas e introduzidas no fotómetro de chama. Anota-se a leitura direta e, se necessário, procede-se à diluição. A leitura é expressa em termos de mg/l.

3.4.12 Ferro: O ferro é o quarto elemento mais abundante na crosta terrestre. Na água ocorre principalmente no estado divalente e bivalente (ferroso e férrico). O ferro nas águas superficiais está geralmente presente no estado férrico. O ferro é um elemento essencial na alimentação humana. Está contido num número de proteínas biologicamente significativas, mas a ingestão em grandes quantidades resulta em hemocromatose, onde os danos nos tecidos resultam da acumulação de ferro (Sawyer c/ αZ., 2003). O ferro férrico reage com salicilato de sódio para formar uma cor ametista que, com a adição de acetato de amónio, se transforma em cor amarela e, quando se adiciona ácido acético 1:1, volta a transformar-se em cor ametista. Espectrofotómetro - PRIM Light and Advanced 70C10382 com visor LCD fabricado pela Secomam, França. À amostra de ferro, foram adicionados 0,25 ml de salicilato de sódio a 10%, 2,5 ml de acetato de amónio a 3% e 2,5 ml de ácido acético 1:1. A solução foi completada até 25 ml. A cor ametista desenvolvida foi lida no espetrofotómetro a 530 nm e as concentrações foram anotadas.

3.4.13 Nitrato: O Nitrato é a forma mais altamente oxidada dos compostos de azoto normalmente presentes nas águas naturais, porque é um produto da decomposição aeróbica da matéria orgânica azotada. As principais fontes de nitratos são os fertilizantes, a matéria vegetal e animal em decomposição, os efluentes domésticos e industriais e as descargas atmosféricas. As águas naturais não poluídas contêm normalmente apenas uma quantidade mínima de nitratos. Uma concentração excessiva na água potável é considerada perigosa para os bebés porque os nitratos do trato intestinal são reduzidos a nitritos, o que pode causar metahemoglobinemia ou síndrome do bebé azul. O nitrato é também um nutriente essencial para o crescimento das algas, pelo que, quando presente em concentrações elevadas, juntamente com os fosfatos, causa eutrofização. O nitrato reage com o ácido fenol dissulfónico para produzir um derivado nitro, que em condições alcalinas desenvolve uma cor amarela devido ao rearranjo da estrutura. A intensidade da cor produzida é diretamente proporcional à concentração de nitratos e é medida espectrofotometricamente a 410nm. Cerca de 50 ml de padrão, amostras e branco (água destilada) foram colocados em cadinhos separados, aquecidos até à secura e arrefecidos. O resíduo foi dissolvido em 2 ml de ácido fenol dissulfónico e o conteúdo foi diluído para 50 ml num tubo de Nessler. Adicionar 6 ml de amoníaco líquido para desenvolver uma cor amarela e misturar bem a solução. A cor desenvolvida foi lida espectrofotometricamente a 410 nm. A concentração de nitrato foi anotada (TrivedyandGoel, 1987).

3.4.14 Sulfatos: Os iões de sulfato ocorrem normalmente em águas naturais. Contribuem para a dureza permanente. As fontes de sulfatos são principalmente as rochas sulfatadas, como o gesso (sulfato de cálcio) e os minerais de enxofre, como as pirites, e também devido à poluição do ar e da água. Os sulfatos contribuem para o teor de sólidos totais e, em condições reduzidas e anaeróbias, produzem sulfureto de hidrogénio, que dá à água um odor a ovo podre.

Os iões sulfato são precipitados como sulfato de bário em meio ácido com cloreto de bário. A absorção de luz por esta suspensão precipitada é medida espectrofotometricamente a 420 nm. Colocaram-se cerca de 100 ml da amostra num copo e adicionaram-se 5 ml de reagente de condicionamento e uma espátula de cristais de cloreto de bário, misturando bem num agitador magnético durante um minuto. O espetrofotómetro foi calibrado com uma solução-padrão de sulfato e um branco antes da estimativa da amostra. A concentração da amostra foi anotada (Trivedy e Goel, 1987).

3.4.15 Potássio: O filtro do fotómetro de chama é regulado para leitura a 769 nm. A amostra filtrada é preparada para calibrar o fotómetro de chama. É expressa em termos de mg/l.

3.4.16 Fluoreto: Um nível de fluoreto de 1ppm previne eficazmente a cárie dentária sem efeitos adversos para a saúde. A determinação exacta do flúor ganhou importância com a tendência crescente para fluoretar a água de abastecimento público como medida de saúde pública.

Método Spadns:

Este método é preferível ao método visual da alizarina, uma vez que este último demora 1 hora para o desenvolvimento da cor e é um método visual. Preparar uma série de soluções padrão de F-0.5, 1.0 e 2.0 mg/l. Adicionar 1 gota de solução de NaAso2 (0,5%) para remover qualquer cloro residual. Diluir a amostra para 50 ml de SPANDS e 5 ml de reagente de ácido zirconílico. Misturar bem e ler imediatamente a absorvância a 570 nm em relação ao padrão. Calcular a concentração de fluoreto a partir de uma curva padrão. Esta é expressa em mg/l.

3.5 Resultados e discussão

Os parâmetros físico-químicos do lago kolar amanikere e do lago Narasapura das três estações de amostragem são apresentados em pormenor nos quadros 1 e 2 e na figura 1-32.

3.5.1pH: O pH no amanikere de Kolar e no lago Narasapura das três estações de amostragem está detalhado nos quadros 1 e 2. No amanikere de Kolar, o pH mais baixo, 7,0, nas estações 3 e 2, foi registado em abril e maio de 2007 e o valor mais alto, 8,1, na estação 3, em agosto de 2007, respetivamente (figura 1). No lago Narasapura, o pH mais baixo, 7,2, na estação 2, foi registado em junho de 2007 e o valor mais elevado, 8,1, na estação 1, em maio e julho de 2007 (Figura 17). Um intervalo de pH entre 6,7 e 8,4 é considerado seguro para a vida aquática e para manter a produtividade. No entanto, um pH inferior a 4,0 e superior a 9,6 é perigoso para a maioria das formas de vida. O pH dá uma ideia do tipo e da intensidade da poluição (Verma et al., 1987; Mishra e Seksena, 1991) e o pH é considerado um fator único muito importante que influencia a produção aquática (Swingle, 1967).

3.5.2Temperatura: A temperatura no amanikere de Kolar e no lago de Narasapura das três estações de amostragem está descrita nos quadros 1 e 2. No amanikere de Kolar, a temperatura mais baixa, 23^{0} C, na estação 3, foi registada em julho de 2007 e o valor mais elevado, 31^{0} C, na estação 3, em março e abril de 2007, respetivamente (figura 2). No lago Narasapura, a temperatura mais baixa, $23{,}4^{0}$ C, na estação 1, foi registada em junho de 2007 e o valor mais elevado, 31^{0} C, na estação 1, em março de 2007 (Figura 18). Também exerce uma profunda influência no comportamento metabólico e fisiológico do ecossistema aquático (Welch, 1952). Também se reflecte na dinâmica dos organismos vivos (Chandler, 1942). O aumento da temperatura não só reduz a disponibilidade de oxigénio, mas também aumenta a procura de oxigénio, uma situação que contribuiria para o stress fisiológico dos organismos (Giller e Matmquist, 1998).

3.5.3Dureza: A dureza no amanikere de Kolar e no lago Narasapura das três estações de amostragem está detalhada nas Tabelas 1 e 2. No amanikere de Kolar, a dureza mais baixa 320 mg/l na estação 1 foi registada em julho de 2007 e o valor mais alto 732 mg/l na estação 2 em abril de 2007, respetivamente (Figura 3). No lago Narasapura, a dureza mais baixa, 142 mg/l na estação 2, foi registada em julho de 2007 e o valor mais elevado, 256 mg/l, na estação 2, em março de 2007 (Figura 19). A água é classificada de acordo com a sua dureza mg/l como Hem

(1970), a água com uma dureza total no intervalo de 0 a 60mg/l é denominada macia; 60-120mg/l moderadamente dura; de 120 a 180mg/l dura e acima de 180mg/l muito dura. Os valores elevados de dureza são provavelmente devidos à adição regular de grandes quantidades de esgotos, detergentes e utilização humana em grande escala.

Quadro 2 - Parâmetros físico-químicos de Kolar Amanikere em diferentes locais durante o período de março a agosto de 2007

Meses		março			abril			maio			junho			julho			agosto		
Parâmetros	Unidades	Si	S2	S_3	Si	S2	S3	Si	S2	S3	Si	S2	S3	Si	S2	S3	Si	S2	S3
pH	-	8.0	7.8	7.9	8.0	7.6	7.0	7.2	7.0	8.0	8.0	7.8	7.7	7.2	7.4	7.8	7.9	8.0	8.1
Temperatura	O C^0	27	28	31	28	29	31	28	29	31	30	27	24	28	27	23	26	24	26
Dureza	mg/1	564	572	541	624	732	580	476	490	481	376	376	360	320	361	362	363	471	560
Condutividade	µmhos/cm	2000	2400	2100	1800	1520	1600	1400	1225	1260	1500	1650	1700	1600	1750	1570	1650	1600	1750
TDS	mg/1	570	870	940	370	270	341	270	310	252	376	379	410	420	310	430	570	580	592
DO	mg/1	3.7	4.0	3.5	3.0	2.9	3.1	3.0	3.2	3.2	3.2	3.4	4.0	4.1	4.2	4.3	3.9	4.0	4.3
CBO	mg/1	1.2	2.0	1.4	1.2	1.0	1.3	1.2	1.8	2.1	2.1	2.2	2.3	1.0	1.0	1.2	1.0	1.2	1.0
Cálcio	mg/1	75	126	228	62	69	60	76	78	81	82	91	102	122	121	132	131	162	122
Sódio	mg/1	176	170	142	72	80	89	162	173	182	162	173	181	142	149	167	162	163	169
Cloreto	mg/1	263	364	448	176	188	220	260	270	280	310	290	325	320	310	345	270	310	310
Magnésio	mg/1	24	41	34	23	26	32	30	26	37	42	48	49	48	47	49	52	39	42
Ferro	mg/1	01	02	04	1.2	0.2	0.5	0.5	1.0	2.2	2.1	2.0	2.3	2.1	2.3	2.4	2.1	2.0	2.1
Nitrato	mg/1	10	11	33	09	11	22	12	13	16	18	19	21	23	26	27	23	26	29
Sulfato	mg/1	56	80	123	38	49	41	41	49	52	61	60	72	42	48	49	41	47	49
Potássio	mg/1	23	08	22	21	19	17	24	25	26	29	30	32	31	31	33	30	19	27
Fluriode	mg/1	0.75	0.4	0.6	0.4	0.6	1.2	0.5	0.8	0.9	0.2	0.63	0.65	0.75	0.80	1.0	0.4	0.5	0.7

QUADRO-3 Parâmetros físico-químicos do lago Narasapura em diferentes locais durante o período de março a agosto de 2007

Mont	hs	março			abril			maio			junho			julho			Augusl		
Parâmetros	Unidades	Si	S2	S3	Si	S2	S3	Si	S2	S3	Si	S2	S3	Si	S2	S3	Si	S2	S3

pH	-	7.5	7.7	7.5	7.6	7.9	8.0	8.1	7.6	7.5	8.0	7.2	8.3	8.1	7.9	7.4	7.5	7.9	7.5
Temperatura	O C^0	31	29	28	27	29	28.3	27.3	28.1	29.3	23.4	25.0	25.0	24.0	24.5	26.3	24.3	24	28
Dureza	mg/1	196	256	188	190	168	172	152	163	178	152	162	147	181	142	176	176	152	148
Condutividade	µmhos/cm	660	500	550	620	560	510	392	479	500	830	910	920	1300	1230	1300	900	1200	1321
TDS	mg/1	376	510	278	310	260	370	376	290	500	576	570	561	500	1310	1010	1100	1020	1010
DO	mg/1	7.2	7.0	8.2	7.2	8.1	9.0	7.0	8.2	9.0	7.1	6.2	6.7	6.7	6.9	6.0	7.0	7.2	7.7
CBO	mg/1	13.1	14.3	15	16.7	16	17.4	18.1	19	19.2	16	16.3	17.0	19.1	19.2	20	14.1	16.2	17.2
Cálcio	mg/1	32	12	27	45	38	39	25	44	58	45	67	56	50	67	32	61	56	58
Sódio	mg/1	47	46	57	80	41	48	47	46	112	58	61	76	47	49	71	112	80	71
Cloreto	mg/1	55	64	95	56	42	56	55	108	64	42	56	64	55	61	72	56	56	64
Magnésio	mg/1	13.4	11	07	15	14	12	11	13.4	23	16	41	38	27	31	42	15.1	16.2	13.1
Ferro	mg/1	0.5	1.0	0.1	0.3	0.2	0.1	0.1	0.5	1.0	0.5	0.1	0.5	0.5	0.4	0.9	0.7	0.1	0.5
Nitrato	mg/1	31	42	24	24	41	47	29	49	51	48	80	110	210	127	168	210	231	240
Sulfato	mg/1	20	48	26	20	09	20	28	31	42	16	28	48	81	87	93	126	98	90
Potássio	mg/1	07	02	02	10	15	02	02	07	05	06	07	09	11	13	16	22	13	16
Fluriode	mg/1	0.8	1.4	0.4	0.7	1.2	0.6	0.8	0.9	1.0	0.79	1.2	1.3	0.8	0.7	1.2	0.6	0.7	0.8

A água para uso doméstico não deve conter mais de 80 mg/1 de dureza total. Uma concentração elevada de TH na água pode provocar cálculos renais e doenças cardíacas nos seres humanos.

3.5.4Condutividade: A Condutividade no amanikere de Kolar e no lago Narasapura das três estações de amostragem está detalhada na Tabela 1& 2. No amanikere de Kolar, a Condutividade mais baixa 1225 µmhos/cm na estação 2 foi registada em maio de 2007 e o valor mais alto 2400 µmhos/cm na estação 2 em março de 2007 respetivamente (Figura 4). No lago Narasapura, a condutividade mais baixa 392 µmhos/cm na estação 1 foi registada em maio de 2007 e o valor mais alto 1321µmhos/cm na estação 3 em agosto de 2007 (Figura 20). A condutividade do tipo bicarbonato comum da água do lago é estreitamente proporcional às concentrações dos iões principais. (Juday e Birege, 1933; Rodhe 1949). Um nível elevado de condutividade reflecte o estado de poluição, bem como os níveis tropicais do corpo aquático (Rawson, 1956).

3.5.5TDS: O TDS no kolar amanikere e no lago Narasapura das três estações de amostragem está detalhado na Tabela 1 e 2. No Kolar amanikere, o TDS mais baixo 252 mg/l na estação 3 foi registado em maio de 2007 e o valor mais alto 940 mg/l na estação 3 em março de 2007, respetivamente (Figura 5). No lago Narasapura, o valor mais baixo de TDS 260 mg/l na estação 2 foi registado em abril de 2007 e o valor mais alto 1310 mg/l na estação 2 em julho de 2007 (Figura 21). A alta concentração de TDS reduz a claridade da água, contribui para uma diminuição da fotossíntese, combina-se com compostos tóxicos e metais pesados, e leva a um aumento da temperatura da água (Kan CRN website). A alta concentração de TDS pode produzir efeitos laxativos e dar um sabor mineral desagradável à água.

3.5.6DO: O DO no amanikere de Kolar e no lago Narasapura das três estações de amostragem está detalhado na Tabela 1 e 2. No amanikere de Kolar, o DO mais baixo 2,9 mg/l na estação 2 foi registado em abril e o valor mais alto 4,3 mg/l na estação 3 em julho e agosto de 2007, respetivamente (Figura 6). No lago Narasapura, o valor mais baixo de DO 6,0 mg/l na estação 3 foi registado em julho de 2007 e o valor mais alto 9,0 na estação 3 em abril e maio de 2007 (Figura 22). Os valores mais baixos de DO foram registados nos meses de verão, como resultado da acumulação de efluentes exigentes em oxigénio. A água classificada para a vida aquática não deve ter concentrações de DO inferiores a 5 mg/l e concentrações muito elevadas de DO podem também ser prejudiciais para a vida aquática. Os peixes em águas com excesso de gases dissolvidos podem sofrer uma condição em que as bolhas de oxigénio bloqueiam o fluxo de sangue através dos vasos sanguíneos, causando a morte. A maioria dos peixes não consegue sobreviver a uma concentração inferior a 3 mg/l de oxigénio dissolvido (CDPHE-WQCD).

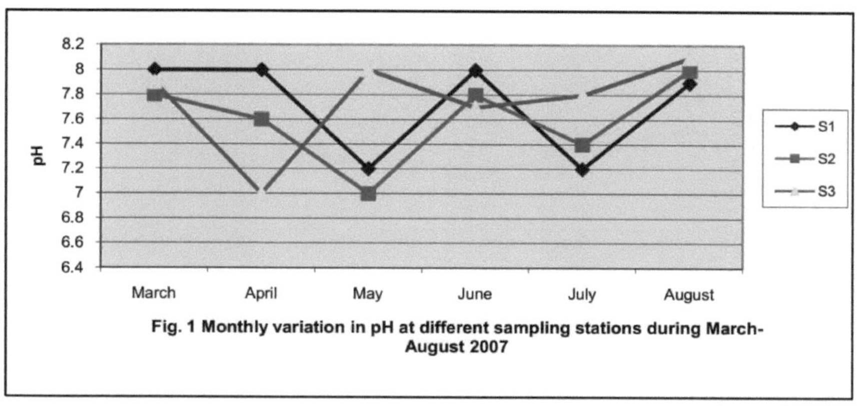

Fig. 1 Monthly variation in pH at different sampling stations during March-August 2007

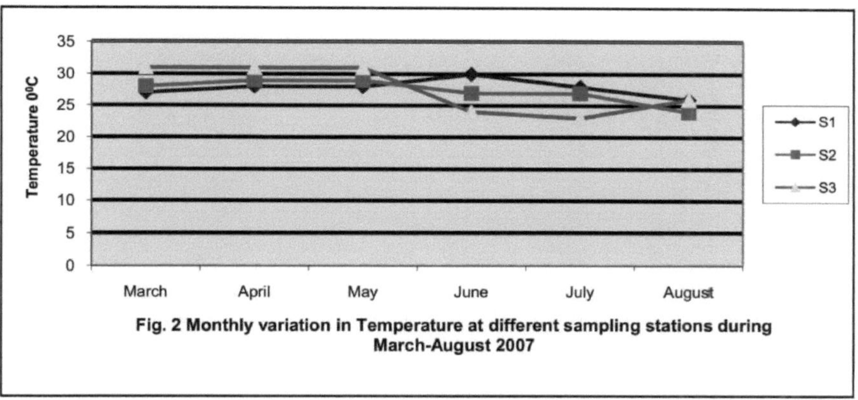

Fig. 2 Monthly variation in Temperature at different sampling stations during March-August 2007

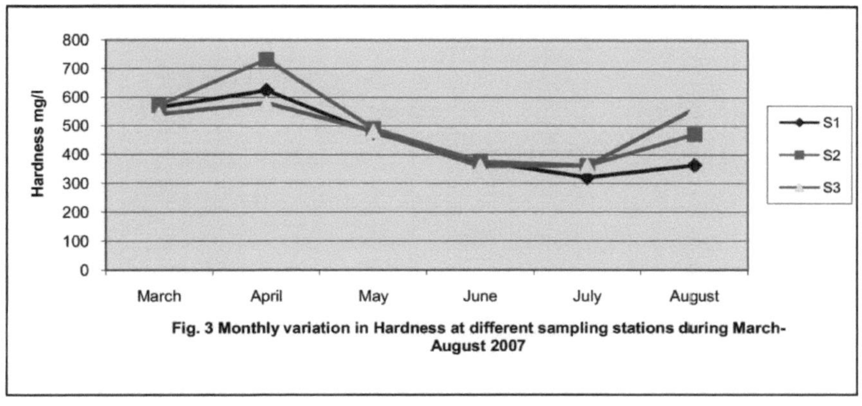

Fig. 3 Monthly variation in Hardness at different sampling stations during March-August 2007

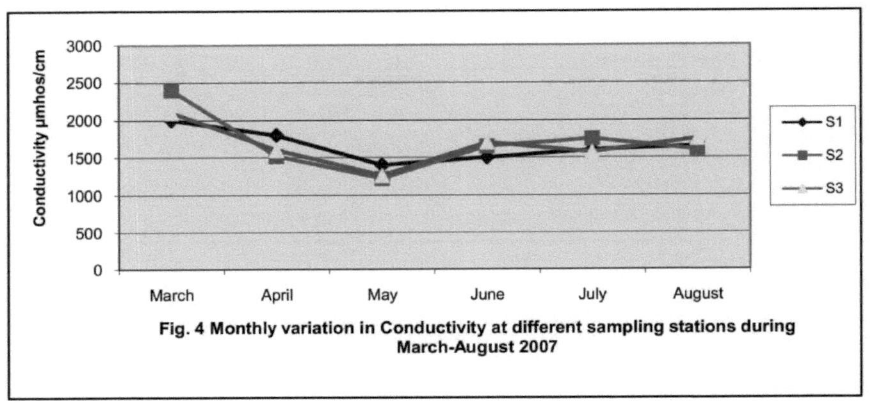

Fig. 4 Monthly variation in Conductivity at different sampling stations during March-August 2007

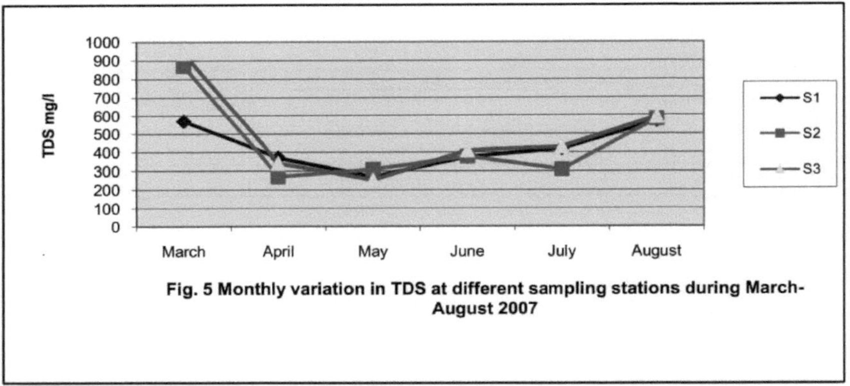

Fig. 5 Monthly variation in TDS at different sampling stations during March-August 2007

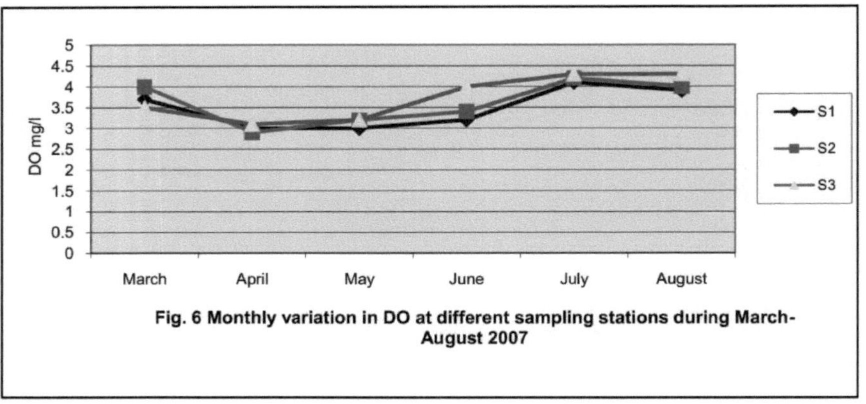

Fig. 6 Monthly variation in DO at different sampling stations during March-August 2007

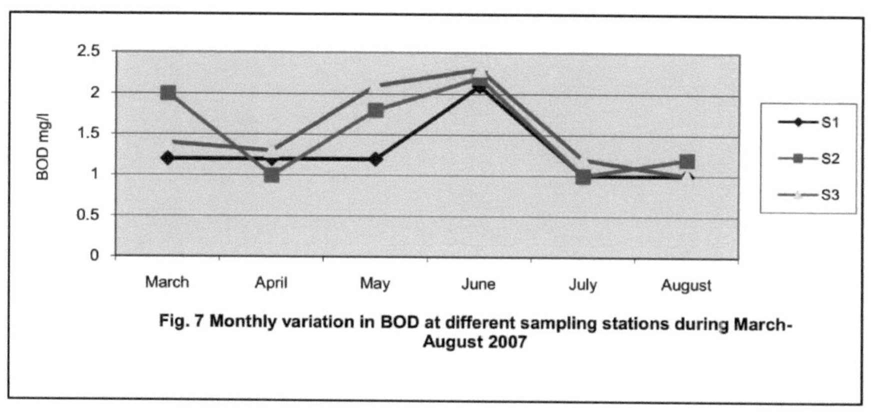

Fig. 7 Monthly variation in BOD at different sampling stations during March-August 2007

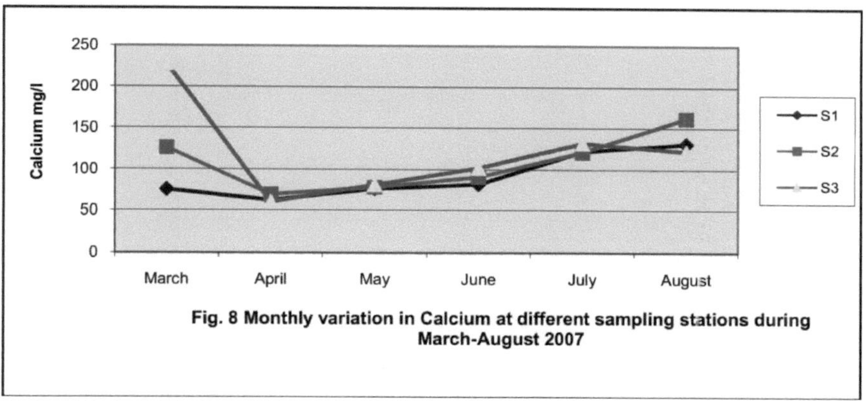

Fig. 8 Monthly variation in Calcium at different sampling stations during March-August 2007

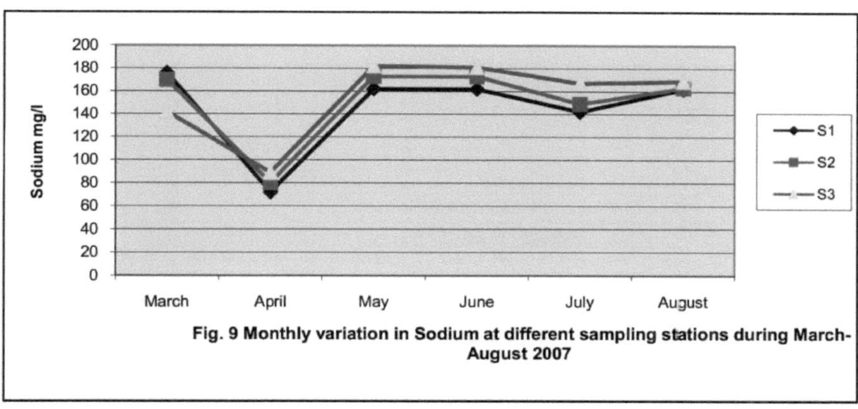

Fig. 9 Monthly variation in Sodium at different sampling stations during March-August 2007

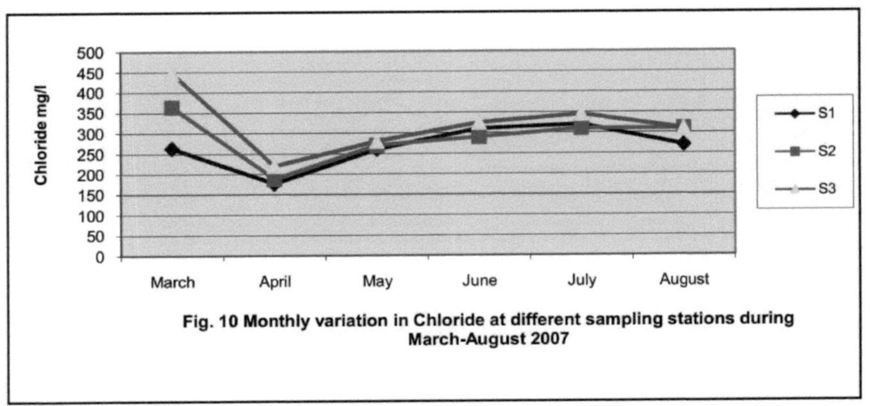

Fig. 10 Monthly variation in Chloride at different sampling stations during March-August 2007

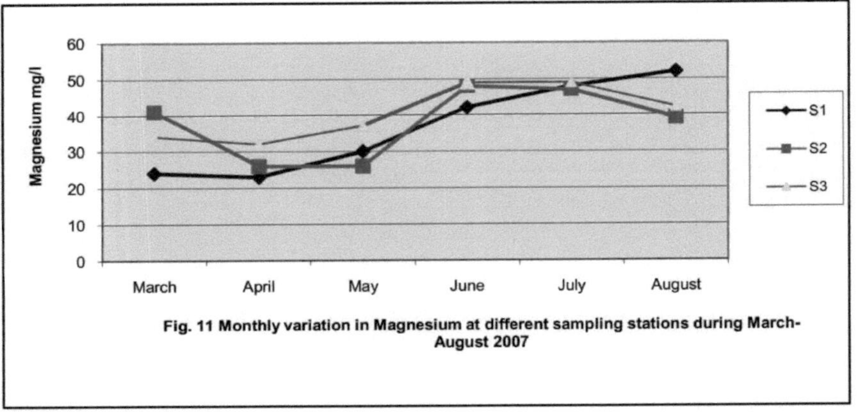

Fig. 11 Monthly variation in Magnesium at different sampling stations during March-August 2007

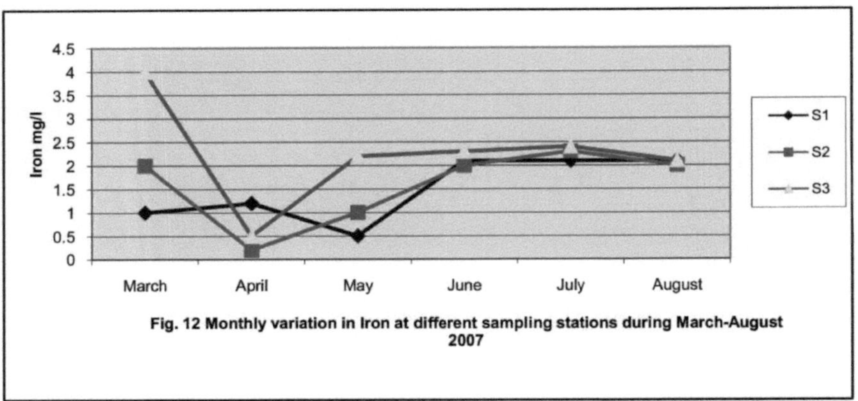

Fig. 12 Monthly variation in Iron at different sampling stations during March-August 2007

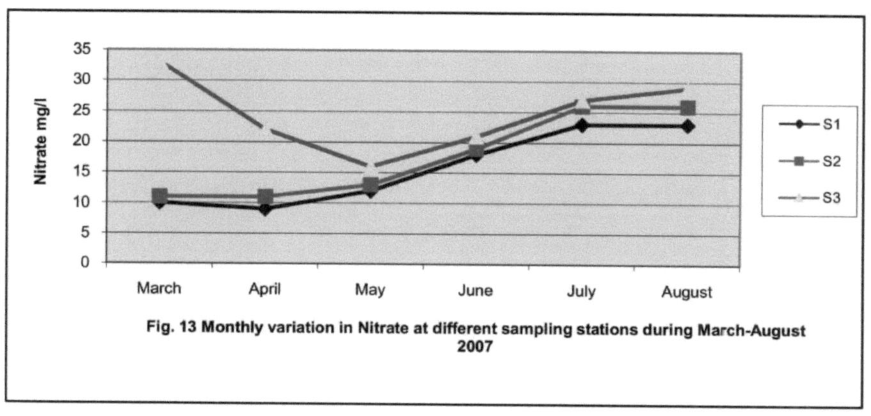

Fig. 13 Monthly variation in Nitrate at different sampling stations during March-August 2007

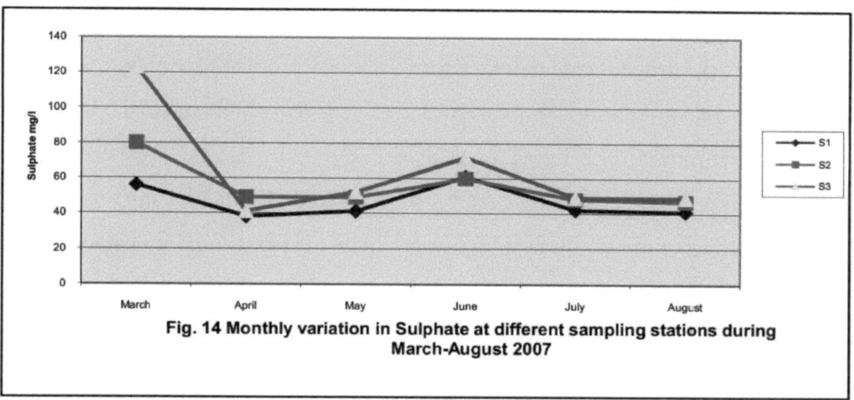

Fig. 14 Monthly variation in Sulphate at different sampling stations during March-August 2007

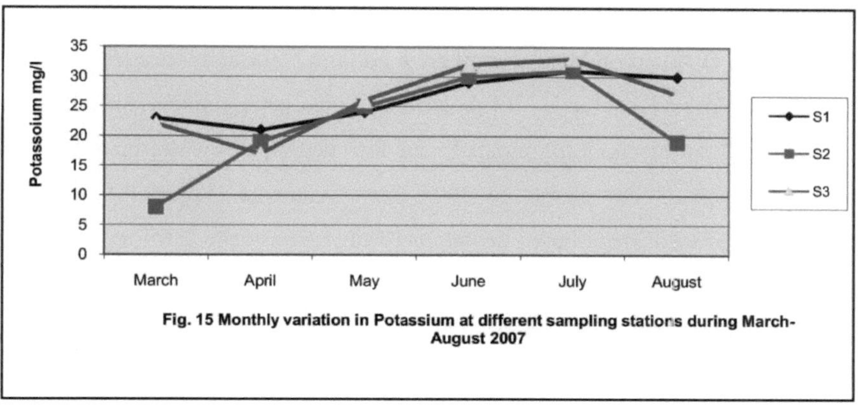

Fig. 15 Monthly variation in Potassium at different sampling stations during March-August 2007

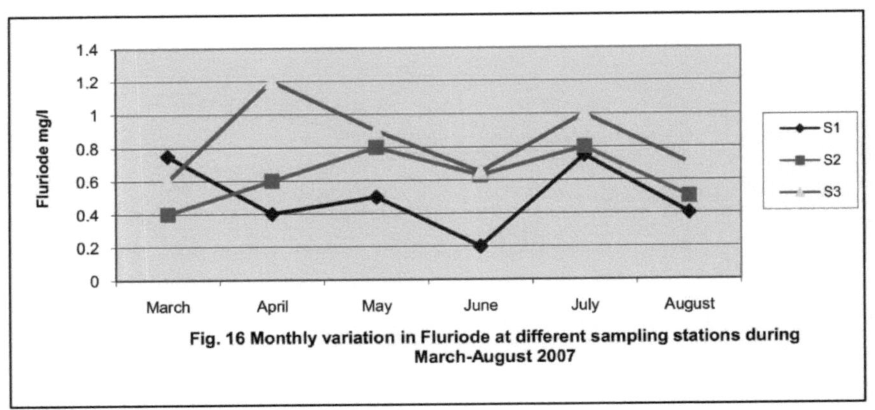

Fig. 16 Monthly variation in Fluriode at different sampling stations during March-August 2007

3.5.7 CBO: O pH da CBO no amanikere de Kolar e no lago Narasapura das três estações de amostragem está detalhado na Tabela 1 e 2. No amanikere de Kolar, a CBO mais baixa, 1,0 mg/l, nas estações 2 e 3, foi registada em abril e agosto de 2007 e o valor mais alto, 2,3 mg/l, na estação 3, em junho de 2007, respetivamente (Figura 7). No lago Narasapura, o valor mais baixo de CBO 13,1 mg/l na estação 1 foi registado em março de 2007 e o valor mais alto 20,0 mg/l na estação 3 em julho de 2007 (Figura 23). A CBO, uma necessidade relativa de oxigénio, é a quantidade de oxigénio necessária para a degradação bioquímica da matéria orgânica e o oxigénio utilizado para oxidar a matéria orgânica como sulfuretos e iões ferrosos (APHA 1985).

1.1.7Cálcio: O cálcio no kolar amanikere e no lago Narasapura das três estações de amostragem está detalhado na Tabela 1 e 2. No Kolar amanikere, o cálcio mais baixo 60mg/l na estação 3 foi registado em abril de 2007 e o valor mais alto 228 mg/l na estação 3 em março de 2007, respetivamente (Figura 8). No lago Narasapura, o valor mais baixo de cálcio 12 mg/l na estação 2 foi registado em março de 2007 e o valor mais alto 67 mg/l na estação 2 em junho de 2007 (Figura 24). Este é um componente importante do sistema tampão carbónico e também circula através do componente biótico e abiótico do ecossistema. O cálcio é o principal catião ou fator causador da dureza da água na natureza, o Ca tem origem em processos naturais, isto é, na dissolução de minerais que contêm Ca e outras fontes podem ser resíduos industriais e, por vezes, resíduos agrícolas, que não são tóxicos.

1.1.8Sódio: O sódio no amanikere de Kolar e no lago Narasapura das três estações de amostragem está detalhado na Tabela 1 e 2. No amanikere de Kolar, o valor mais baixo de sódio 72 mg/l na estação 1 foi registado em abril de 2007 e o valor mais alto 182 mg/l na estação 3 em maio de 2007, respetivamente (Figura 9). No lago Narasapura, o valor mais baixo de sódio 41 mg/l na estação 2 foi registado em abril de 2007 e o valor mais alto 112 mg/1 na estação 3 em maio de 2007 (Figura 25). O sódio é o principal catião na água natural em água doce, como a água do lago, o sódio é recolhido a partir de minerais naturais dissolvidos na água. Em baixa concentração, o sódio na água potável é um mineral necessário para o equilíbrio eletrolítico do sangue no corpo humano.

1.1.9Cloreto: O cloreto nas três estações de amostragem do amanikere de Kolar e do lago de Narasapura é apresentado em pormenor nos quadros 1 e 2. No amanikere de Kolar, o valor mais baixo de cloreto, 176 mg/l, na estação 1, foi registado em abril de 2007 e o valor mais elevado, 448 mg/l, na estação 3, em março de 2007, respetivamente (figura 10). No lago Narasapura, o valor mais baixo de Cloreto 42 mg/l na estação 2 foi registado em abril de 2007 e o valor mais alto 108 na estação 2 de maio de 2007 (Figura 26). Este elemento é um componente importante do sistema tampão carbónico e também circula através dos componentes bióticos e abióticos do ecossistema. Os valores de cloreto são máximos na camada inferior, o que pode dever-se à lavagem da matéria orgânica da bacia hidrográfica circundante (Datta, et al., 1984)

1.1.10 Magnésio: O magnésio no amanikere de Kolar e no lago Narasapura das três estações de amostragem está detalhado nos quadros 1 e 2. No amanikere de Kolar, o valor mais baixo de magnésio, 23 mg/l, na estação 1, foi registado em abril de 2007 e o valor mais alto, 49 mg/l, na estação 3, em junho de 2007, respetivamente (figura 11). No lago Narasapura, o valor mais baixo de magnésio (7 mg/l na estação 3) foi registado em março de 2007 e o valor mais elevado (42 mg/l na estação 3) em julho de 2007 (Figura 27). O magnésio é o principal catião que causa a dureza da água. Na água natural, o Mg tem origem num processo natural de dissolução de minerais que contêm Mg e outras fontes podem ser resíduos industriais e, por vezes, resíduos agrícolas. O Mg não é tóxico.

1.1.11 Ferro: O ferro no amanikere de Kolar e no lago Narasapura das três estações de amostragem está detalhado na Tabela 1 e 2. No amanikere de Kolar, o ferro mais baixo 0,2 na estação 2 foi registado em abril de 2007 e o valor mais alto 4,0 na estação 3 em março de 2007, respetivamente (Figura 12). No lago Narasapura, o valor mais baixo de Ferro 0,1 mg/l na estação 3 foi registado em março de 2007 e o valor mais alto 0,9 mg/l na estação 3 em julho de 2007 (Figura 28). Em ambientes aquáticos, os metais têm sido denominados como poluentes conservadores porque, uma vez adicionados ao ambiente, prevalecem para sempre. Além disso, a gravidade e a persistência dos metais pesados em

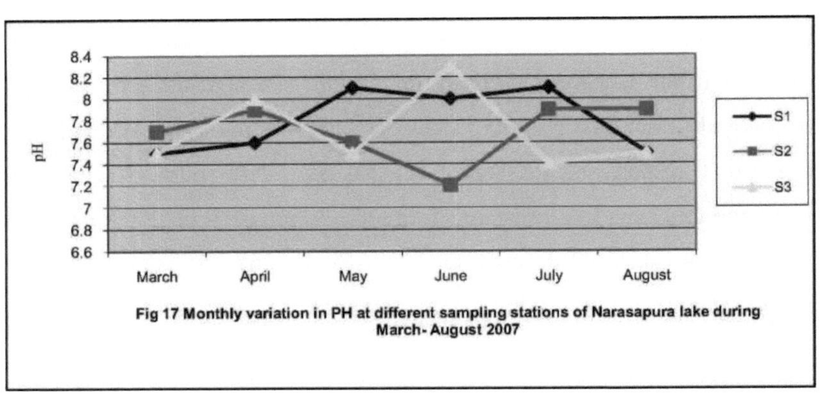

Fig 17 Monthly variation in PH at different sampling stations of Narasapura lake during March- August 2007

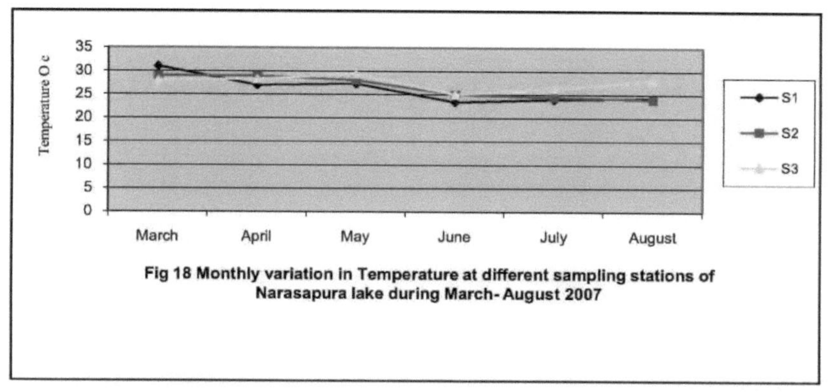

Fig 18 Monthly variation in Temperature at different sampling stations of Narasapura lake during March- August 2007

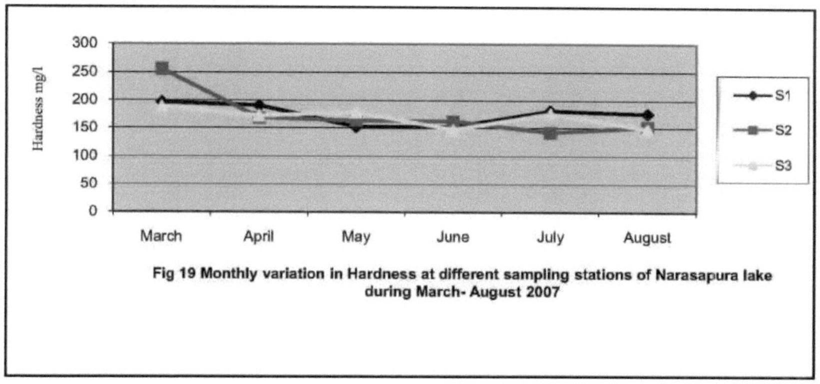

Fig 19 Monthly variation in Hardness at different sampling stations of Narasapura lake during March- August 2007

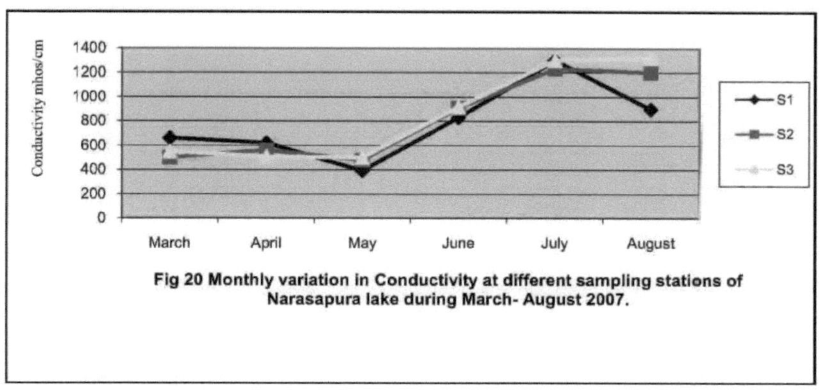

Fig 20 Monthly variation in Conductivity at different sampling stations of Narasapura lake during March- August 2007.

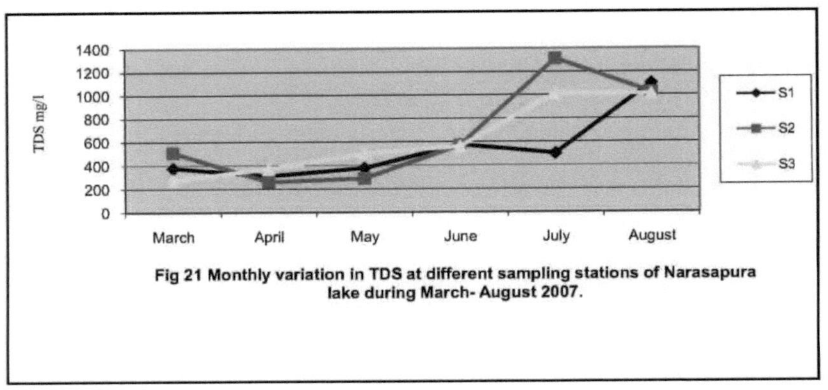

Fig 21 Monthly variation in TDS at different sampling stations of Narasapura lake during March- August 2007.

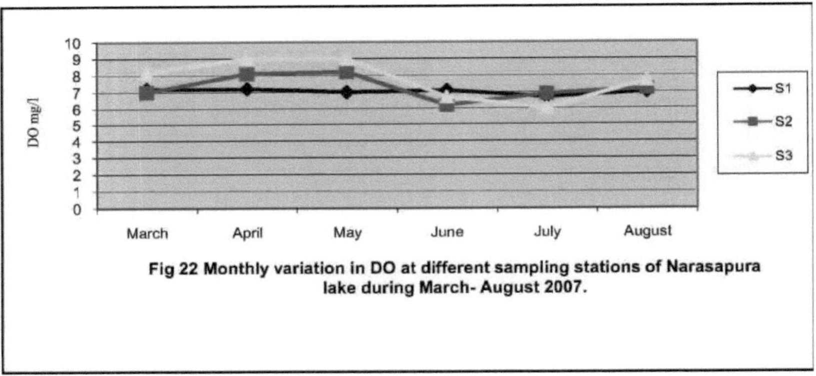

Fig 22 Monthly variation in DO at different sampling stations of Narasapura lake during March- August 2007.

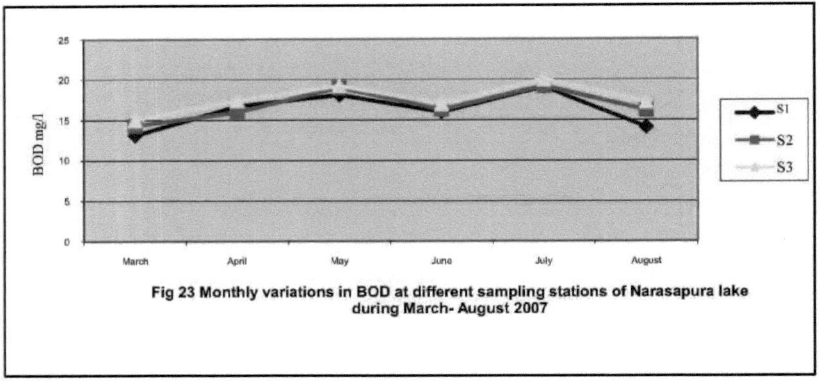

Fig 23 Monthly variations in BOD at different sampling stations of Narasapura lake during March- August 2007

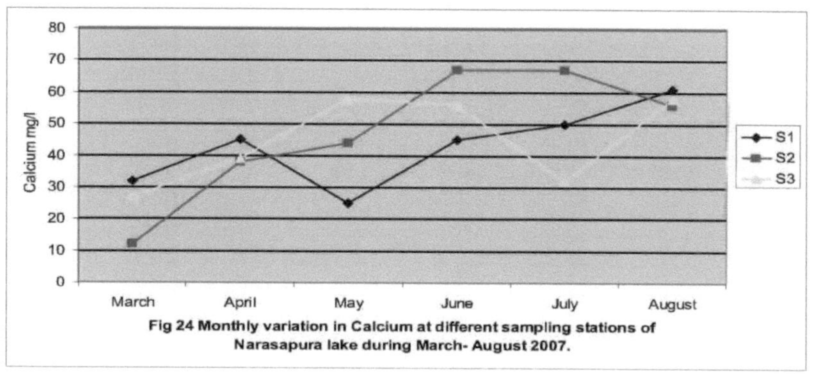

Fig 24 Monthly variation in Calcium at different sampling stations of Narasapura lake during March- August 2007.

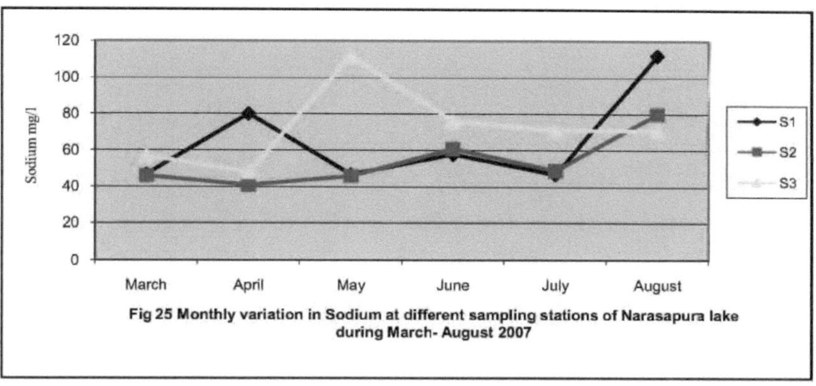

Fig 25 Monthly variation in Sodium at different sampling stations of Narasapura lake during March- August 2007

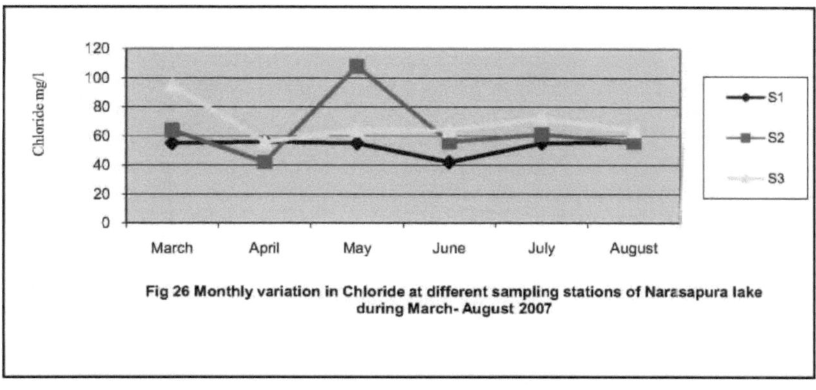

Fig 26 Monthly variation in Chloride at different sampling stations of Narasapura lake during March- August 2007

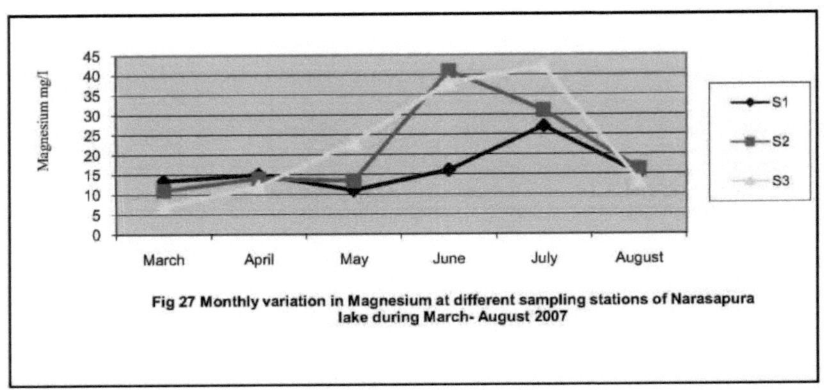

Fig 27 Monthly variation in Magnesium at different sampling stations of Narasapura lake during March- August 2007

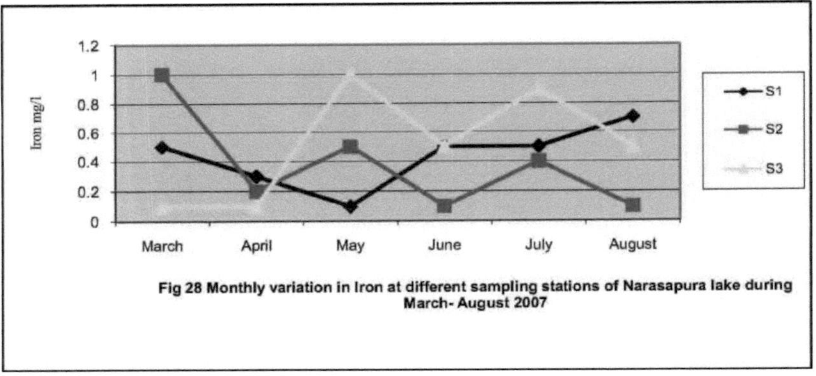

Fig 28 Monthly variation in Iron at different sampling stations of Narasapura lake during March- August 2007

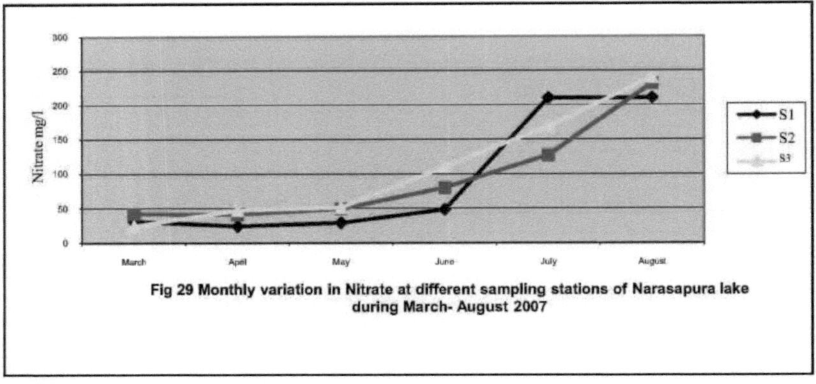

Fig 29 Monthly variation in Nitrate at different sampling stations of Narasapura lake during March- August 2007

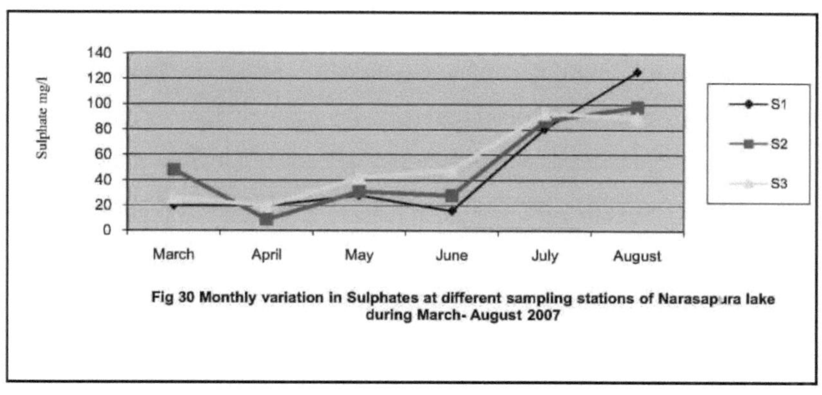

Fig 30 Monthly variation in Sulphates at different sampling stations of Narasapura lake during March- August 2007

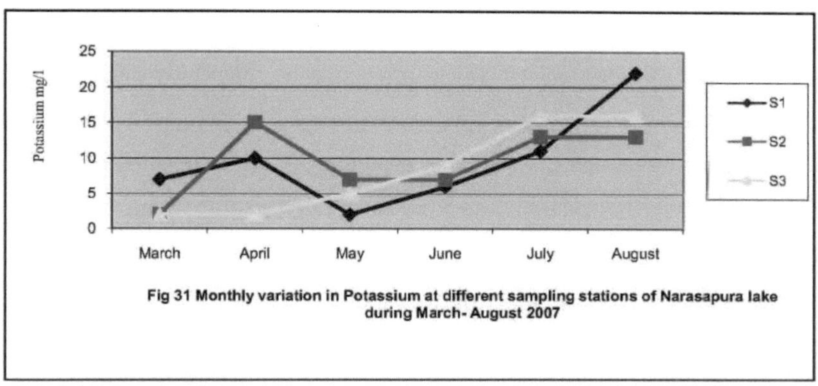

Fig 31 Monthly variation in Potassium at different sampling stations of Narasapura lake during March- August 2007

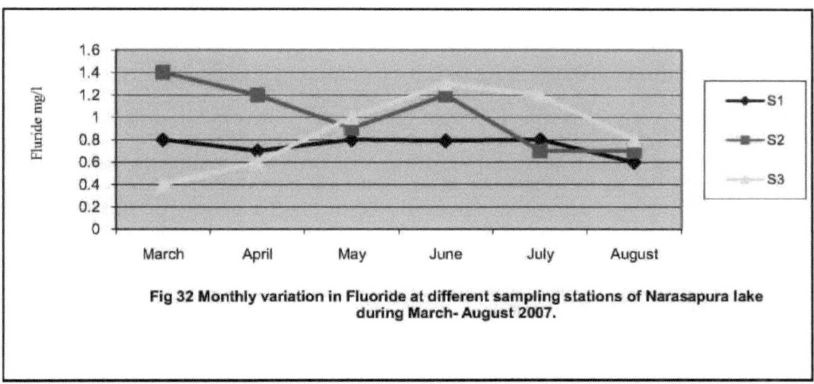

Fig 32 Monthly variation in Fluoride at different sampling stations of Narasapura lake during March- August 2007.

são agravados pelo facto de serem geralmente solúveis em água, não degradáveis e fortemente ligados a muitos produtos bioquímicos, especialmente polipéptidos e proteínas, para além de outros materiais que perdem grupos funcionais ricos em electrões, como o sulfohidrilo, o amino e o imidasol. Sendo compostos estáveis, os metais pesados não são facilmente removidos por oxidação ou precipitação. Outros processos e afectam as actividades dos animais (Anitha, G. et al., 2005).

1.1.12 Nitrato: O Nitrato no kolar amanikere e no lago Narasapura das três estações de amostragem está detalhado na Tabela 1 & 2. No Kolar amanikere, o valor mais baixo de Nitrato 11.0 na estação 2 foi registado em março de 2007 e o valor mais alto 33.0 na estação 3 em março de 2007 respetivamente (Figura 13). No lago Narasapura, o valor mais baixo de Nitrato 24 mg/l na estação 3 foi registado em março de 2007 e o valor mais alto 240 mg/l na estação 3 em agosto de 2007 (Figura 29). Wetzel (1983) afirmou que os micróbios heterotróficos geraram o nitrato como produto final primário da decomposição de matéria oxigenada, quer diretamente a partir de proteínas ou de compostos orgânicos. Zutshi e Khan (1998) afirmaram que a presença excessiva de nitrato na água se deve a actividades domésticas e a fertilizantes provenientes dos campos.

1.1.13 Sulfato: O sulfato no amanikere de Kolar e no lago Narasapura das três estações de amostragem está detalhado na Tabela 1 e 2. No amanikere de Kolar, o sulfato mais baixo 41 mg/l na estação 3 foi registado em abril de 2007 e o valor mais alto 123 mg/l na estação 3 em março de 2007, respetivamente (Figura 14). No lago Narasapura, o Sulfato mais baixo 16 mg/l na estação 1 foi registado em junho de 2007 e o valor mais alto 126 mg/l na estação 1 em agosto de 2007 (Figura 30). As altas concentrações de sulfatos foram registadas nas águas do lago e a alta concentração de sulfatos estimula a ação de bactérias redutoras de enxofre, que produzem gás sulfídrico altamente tóxico para a vida dos peixes. Observou-se uma concentração mais elevada de sulfatos, o que pode ser atribuído ao escoamento das terras agrícolas durante as cheias no período da monção e à entrada de sulfatos na massa de água do lago a partir da área de captação através do escoamento superficial e das águas residuais domésticas.

1.1.14 Potássio: O potássio no kolar amanikere e no lago Narasapura das três estações de amostragem está detalhado na Tabela 1 & 2. No Kolar amanikere, o potássio mais baixo 08 mg/l na estação 2 foi registado em março de 2007 e o valor mais alto 33 mg/l na estação 3 em julho de 2007 respetivamente (Figura 15). No lago Narasapura, o valor mais baixo de potássio foi de 02 mg/l na estação 2 em março de 2007 e o valor mais alto foi de 22 mg/l na estação 1 em agosto de 2007 (Figura 31). O valor mais alto de potássio foi observado nos meses de monção. A precipitação e os estratos de rochas sedimentares constituem quase toda a fonte de potássio na massa de água.

1.1.15 Fluoreto: O Fluoreto no amanikere de Kolar e no Lago Narasapura das três estações de amostragem está detalhado na Tabela 1 e 2. No amanikere de Kolar, o Fluoreto mais baixo 0,2 na estação 1 foi registado em junho de 2007 e o valor mais alto 1,2 mg/l na estação 3 em abril de 2007, respetivamente (Figura 16). No lago Narasapura, o valor mais baixo de fluoreto 0,4 mg/l na estação 3 foi registado em março de 2007 e o valor mais alto 1,4 mg/l na estação 2 em março de 2007 (Figura 32). O flúor é tóxico para os seres humanos e outros animais em grandes quantidades, enquanto que pequenas concentrações podem ser benéficas concentrações de aproximadamente 1,0 mg/l na água potável ajudam a prevenir cáries dentárias em crianças. Durante a formação dos dentes permanentes, o flúor combina-se quimicamente com o esmalte dos dentes, resultando em dentes mais duros e fortes que são mais resistentes à cárie.

3.6 Resumo e conclusão

O distrito de Kolar, outrora conhecido como a cidade dos lagos, tinha assegurado a segunda posição em termos de lagos no estado de Karnataka. A explosão demográfica e a industrialização concomitante culminaram na conversão da maioria destes lagos não só em zonas residenciais e complexos comerciais, mas também em locais de descarga de resíduos. Alguns dos lagos secaram devido à diminuição da precipitação e/ou à invasão das zonas de captação. Alguns encontram-se em estado eutrófico. Os lagos Kolar amanikere e Narasapura do distrito de Kolar estão a ser utilizados para vários fins, tais como fins domésticos, agricultura e lazer.

Kolar amanikere é uma das antigas massas de água, situada na parte oriental da cidade de Kolar. No passado, representava a principal fonte de água potável para satisfazer as necessidades da população da cidade. Nos últimos tempos, devido à interferência humana sob a forma de invasão e desenvolvimento de zonas residenciais, despejo de resíduos e esgotos, etc., o lago tornou-se eutrófico. A água do lago é utilizada para actividades industriais e agrícolas.

O estudo contém informações sobre o ambiente ecológico e físico-químico dos lagos. As amostras foram analisadas quanto aos parâmetros: pH, temperatura, dureza, condutividade, TDS, DO, CBO, cálcio, sódio, cloreto, magnésio, ferro, nitrato, sulfato, potássio e flúor.

Os resultados mostraram que o lago kolaramma está altamente poluído e a água não pode ser utilizada para fins domésticos. A água do lago é imprópria para a alimentação de animais devido à abundância de florescimento de algas e porque a concentração de vários parâmetros está acima dos limites permitidos.

Não se observa um crescimento considerável de algas no lago Narasapura, mas os valores de alguns parâmetros físico-químicos estão atualmente para além do nível admissível e alguns estão dentro dos limites admissíveis. Comparativamente, o lago Narasapura não está poluído, a água é límpida e é utilizada para muitos fins.

Conclui-se que a descarga de águas residuais e de resíduos sólidos no Kolar Amanikere e a invasão do mesmo danificaram o ecossistema aquático e a água é imprópria para uso doméstico. O lago Narasapura, embora perturbado pelas actividades humanas e animais, está comparativamente menos poluído.

3.7 Referências

Abbasi, S.A., Naseema Abbasi & Bhatia, K.K.S. 1997. The Kuttiadi river basin In: wetlands of India. Ecology and threats. Vol. Ill Discovery Publishing House. New Delhi. P. 65-143.

Anitha, G., S.V.A. Chandrashekhar, Kodarkar, N.S., 2005. Estudos Limnológicos no lago Mir Alam, Hyderabad. Poll. Res. 24(3):681-687.

APHA. 1985. Standard methods for examination of water and waste water. Associação Americana de Saúde Pública. Washington. Nova Iorque.

Balakrisnan, V. e Karupaswmy 2005. Características físico-químicas de amostras de água potável de Palani, Tamil Nadu. J. Ecotixicol. Environ.Monit. 15 (3) 235-238.

Carpenter S. R., Frost T., Persson M. Power M., e Sotto D. 1996. "Ecossistemas de água doce: Linkage of Complexity and Processes". In: Moony H. A. e Schulze E.D. (eds.) Functional roles of Biodiversity: A Global Perspective. John Wiley & Sons. 299-325

Chandler, D.C. 1942. Limnological studies of western lake Eire. III fitoplâncton e dados físicos de novembro de 1939 a novembro de 1940. Ohio. J. Sci. 42: 24-44.

Departamento de Saúde Pública e Ambiente do Colorado - Divisão de Controlo da Qualidade da Água (CDPHE-WQCD). "The Basic Standards and Methodologies for Surface Water". 5CCR 1002-31. http://www.cdphe.state.cous/us/ cdphereg. asp # Wq reg.

Datta, N.C., Choudhary, A e Choudhary, S. 1984. Ritmo anual de alguns parâmetros hidrobiológicos e sua interação num lago salobro

represamento de água de West Bangal. Índia. Comp, physiol. Ecol.9(2): 149-154.

Elizabeth, K.M. e L. Premnath Naik 2005. Análise da água do lago Hussain sagar Hyderabad. Andhra Pradesh e Bio-remediação de alguns poluentes por fungos. Poll. Res. 24(2): 337-340.

Giller, Paul e Matmqvist, Bjorn 1998. The biology of streams and Rivers. Oxford University press.

Hedge. C.R. e Bharathi. S.G. 1985. Ecologia comparativa do fitoplâncton de lagoas e lagos de água doce de Dharwad. Estado de Karnataka. (Ed. Adoni. A.D.) Índia. Proc. Nat. Sym. Limnologia Pura e Aplicada. Bull. Bot. Soc. Sagar. 32: 24-29.

Himansu, B. Mahananda, Malaya Ranjan Mahananda e Bitut Prava Mohanty. 2005. Estudos sobre os parâmetros físico-químicos e biológicos de um ecossistema de lagoa de água doce como indicador de poluição da água. Ecol. Env. & Cons. 11 (3-4) 537-541.

Jadhav, A.R. e A.M. Deshmuck, 2006. Características físico-químicas e microbianas dos lagos Rankala e Kalamba do distrito de Kolhapur em Maharashtra. Environment and Ecology. 24(1):21-27.

Jhingran,V.G. 1982. Fish and Fisheries of India 2nd Edn. Hindustan publishing corporation (India) Delhi.

Juday, C. e Birege, E.A. 1933. The Transparency the colour and specific conductance of the lake waters of north eastern Wisconsin Trans. Wis. Acad. Sci. Arts. Lett. 28: 205-259.

Sítio Internet da Rede de Investigação em Colaboração do Kansas (kan CRN) sobre a monitorização do fluxo http://www. kancrn.org/stream/index.cfm.

Kanungo, V.K. J.N. Verma e D.K. patel 2006. Características físico-químicas da lagoa doodhadhari de Raipur, Chhattisgarh. Ecol. Env. & Cons. 12(2): 207-209.

Katiyar S.K., e D.K. Belsare. 1997. Estudos limnológicos sobre os lagos Bhoopal: Comunidades de protozoários de água doce como indicadores de poluição orgânica. J.Environ. Biol. 18 (3) 271-282.

Kaur, H., S.S. Dhillon, K.S. Bath e G. Mander 1996. Componentes abióticos e bióticos de um lago de água doce de Patiala (Punjab). Poll. Res. 15 (3): 253-256.

Kaushik, S. e Saxena, D.N. 1999. Limnologia físico-química de certas massas de água da Índia central. In: K Vijaykumar (Ed.). Fresh water ecosystems of India. Daya. Publishing House. New Delhi. 1-58.

Kiran, R. e Ramachandra, T.V. 1999. Estado das zonas húmidas em Bangalore e seus aspectos de conservação. ENVIS J. of Human Settlements. 16-24.

Krisna Ram H. e M. Ramachandra Mohan .2006. Flutuação mensal dos parâmetros físico-químicos do lago Byramangala, distrito rural de Bangalore, Karanataka. J. Envirinment and Ecology 245 (4) 1007-1010.

Krisna Ram H. e M. Ramachandra Mohan .2007.Variações sazonais dos parâmetros físico-químicos do lago Byramangala, distrito rural de Bangalore, Karanataka. J. Envirinment and Ecology 13 (1-2) 327-328.

Krisna Ram H. e Mohan M. Ramachandra e Vishalakshi 2007. Estudos limnológicos no lago Kolaramma, Kolar, Karnataka. J. Environment and Ecology 25 (2) 364-367.

Kudari V. K., R.D.Kanamadi. e Kadadevaru.2006. Estudos limnológicos dos reservatórios de Attiveri e Banchanki do distrito de Uttar kannada, Karnataka, Índia. Ecol. Env. & Cons. 12 (1) 87- 92.

Madan Mohan Rao, V. Nrendra Rao e Mohmood S.K. 1996. Avaliação da qualidade da água e da poluição da lagoa de Narasgiri. Ecol. Env. & Cons. 2 (45-49).

Mamta Tiwari. 2005. Assesment of Physicochemical status of Khanpur Lake, Ajmer in relation to its impact on public helth. Ecol. Env. & Cons. 11 (3-4) 491-493.

Manisha Agarwal Deshmukh e M. C. Kanchan. 2004. Estudos sobre variações físico-químicas no reservatório "Pani Ki Dharamshals" de Jhansi, Índia. Ecol. Env. & Cons. 10 (3) 286-294.

Maya. C. G. Raviprasad, H. Krisna Ram e M. Lakshman.2007. Estudos limnológicos sobre o lago Yellamallppa Chetty, Bangalore Karanataka. Indianjournal Environ & Ecoplan 14(1-2) 115-118.

Mishra, S.R. e Saksena, D.N. 1991. Ecologia poluente com referência às características físico-químicas do rio Morar (Kalpi) Gawliar (M.P.). Tendências actuais em Limnologia. 1: 159-184.

Rajesh Kumar e Kamal Kapoor. 2006. Monitorização da qualidade da água no que respeita às características físico-químicas de um lago tropical da cidade de Udaypur no Rajastão. Indian J. Environ. & Ecoplan. 12 (3) 775782.

Rawson, D.S. 1956. Indicadores de algas de um lago trófico. Type. Limnol. Oceanogr. 1: 195-211.

Rodhe, W. 1949. The ionic composition of lake waters, Verb. Int. Ver. Limnol. 10: 377-386.

Singh A. P., P.C. Srivasthava e S.K. Singn. 2007. Variações sazonais na qualidade da água dos lagos naturais de Nainithal, Índia. Ecol. Env. & Cons. 13(1)137-141.

Sudha Rani, p. e Manikya Reddy, p. 2004. Estudo comparativo das propriedades físico-químicas e ficológicas do lago Hussainsagar. Jr. of Industrial pollution control.20 (2) 193-198.

Swingle, H.S. 1967. Normalização da análise química da água e das lamas. FAO. Fish-Rep. 4(4): 397-421.

Syed U K Asema , Maqdoom Farooqui, Mazhar Farooqui, Quadir S H., D D Kayande e Sayyad Sultan. Nível de poluição no lago Salim Ali, Aurangabad- Um estudo de caso. J. Ecitixicol. Environ. Monit. 16 (2) 151155.

Thirumathal, K., Sivakumar, A, A., Chandrakantha J. e Susheela K. P. 2002. Estudos físico-químicos sobre o reservatório de Amaravathi, distrito de Coimbatore, Tamil Nadu. Ecobiol - 14 (1) 13-17.

Trivedy e Goel P.K. 1987. Chemical and Biological Method for water pollution studies, Env. Publicação em Karad.

Welch, P.S. 1952. Limnology. Mac Graw Hills Book. Co., Nova Iorque.

Wetzel, R.G. 1983. Limnology 2nd edition Saunders. Coll. Publ. 267.

Yogesh Shastri, Y. D. Sonavane e S.D. Pingle.2004. Características físico-químicas da lagoa da aldeia perto de Nasik. LEcitixicol. Environ.Monit. 14(2)

137-141.

Zutshi, D.P. e Khan, A.V. 1998. Gradiente eutrófico no lago dial, Caxemira. Indian J. Env. Health. 30(4): 348-354.

Capítulo - IV Aves aquáticas em dois lagos urbanos de Bangalore no Karnataka

4.0 Introdução

Entre todos os vertebrados terrestres, as aves, devido ao seu grande poder de mobilidade, conseguem explorar com êxito uma vasta gama de habitats terrestres e aquáticos. Cada espécie de ave está adaptada a um determinado habitat e, dentro das condições ambientais, prossegue as suas actividades de vida. De acordo com Robbins (1978), as aves são indicadores sensíveis das condições do habitat, uma vez que cada espécie de ave tem a sua própria reprodução distintiva, e mesmo a abundância de certas espécies pode ser prevista nas descrições do habitat. Além disso, Robbins (1979) afirma o seguinte: Cada espécie evoluiu ao longo de milhares de anos e as suas populações atingiram um estado de equilíbrio nos seus ambientes preferenciais específicos.

Quando as condições do habitat se alteram em resultado da sucessão vegetal, das alterações climáticas ou de várias influências provocadas direta ou indiretamente pelo homem, o potencial de sobrevivência das espécies altera-se. Em condições favoráveis, as populações podem espalhar-se e aumentar de tamanho ou, caso contrário, podem diminuir de tamanho ou mesmo desaparecer completamente da região de seleção do habitat alterado e a sua utilização para o estudo da preferência de habitat, por um lado, previne a erosão natural e, por outro, preserva e mantém a flora e a fauna. Assim, a preservação do habitat não só para as aves, mas também para a diversidade natural é essencial (Ripley, 1978). As zonas húmidas são importantes para a conservação e isso deve-se à extensa cadeia alimentar e à rica biodiversidade que suportam (Getzner, 2002).

As zonas húmidas são terras de transição entre sistemas terrestres e aquáticos, onde o lençol freático se encontra normalmente à superfície ou próximo dela, ou onde a terra está coberta por águas pouco profundas. Embora no passado estas áreas fossem consideradas improdutivas e insalubres, nas últimas duas décadas tem-se verificado uma crescente consciencialização do seu valor. As zonas húmidas não são apenas uma fonte de alimento e de combustível para as numerosas comunidades que delas dependem para a sua subsistência, mas são também de enorme importância. Ao longo dos tempos, as zonas húmidas urbanas têm sido a tábua de salvação da maioria das cidades da Índia. Foram preservadas e cuidadas pela população como a sua principal fonte de abastecimento de água para consumo e irrigação. Estas zonas húmidas encontram-se por todo o país e são naturais ou construídas pelas pessoas. Ao longo dos anos, foram-se esgotando gradualmente, dando origem a uma série de problemas nas zonas urbanas, tais como inundações, escassez de água e alagamentos.

PLACA-1: Garça-branca-pequena (Egretta garzetta) registada no lago Madivala

PLACA- 2: Corvo-marinho-pequeno (Phalacrocoraxniger) registado no lago Madivala

PLACA-3: Garça-real (Aredeola grayii) registada no lago Madivala

PLACA- 4: Garça-vermelha (Ardea purpurea) registada no lago Madivala

PLACA- 5: Garça-boieira (Bubulcus ibis) registada no lago Madivala

PLACA- 6: Galinha-d'água-roxa (Porphyrio porphyrio) registada no lago Madivala

PLACA- 7: Esturjão pontiagudo registado no lago Madivala

PLACA- 8: Garça-branca-grande *{Ardea alba)* registada no lago Madivala

PLACA- 9: Pato bravo (Dendrocygna autumnalis) registado no lago Madivala

PLACA-10: Pato de bico pontiagudo (Anas poecilorhyncha) registado no lago Madivala

PLACA-11: Jacana de cauda de faisão (Hydrophasianus chirugus) registada no lago Madivala

PLACA-12: Galeirão-comum (Eolica atra) registado no lago Madivala

PLACA-13: Jacana de asas de bronze (Metopidius indiens) registada no lago Madivala

O estado de Kamataka tinha cerca de 44 000 zonas húmidas artificiais construídas ao longo de séculos, desde a dinastia Vijyanagara, das quais existem apenas 36 969 zonas húmidas. Outrora recursos críticos para apoiar o arroz e outras culturas de regadio, especialmente nas zonas medianas, estas zonas húmidas passaram por maus momentos com a entrada em funcionamento de projectos de irrigação em grande escala no século passado.

A maioria destes tanques era um refúgio para aves aquáticas residentes e migratórias e outras aves dependentes. Só Bangalore tinha 400 tanques, mas a sua rápida degradação nas últimas três décadas deixou apenas 130 tanques, dos quais apenas 80 estão em boas condições. Apesar disso, há um bom número de visitantes alados que chegam à maioria destes tanques durante o inverno.

Muitas zonas húmidas e charcos sazonais numa matriz florestal, devido à sua pequena dimensão, não proporcionam habitat suficiente para espécies de aves reprodutoras associadas a zonas húmidas. No entanto, são provavelmente importantes como fontes de alimento locais para indivíduos reprodutores e migradores que dependem de recursos (por exemplo, insectos, bagas e sementes) associados a estas características. Além disso, a estrutura vertical do habitat associada às lacunas nas copas das árvores em redor dos charcos sazonais pode ser importante para espécies de aves como os papa-moscas, que necessitam de um sub-dossel mais aberto para procurar alimento.

Existe pouca ou nenhuma informação que documente a utilização de pequenos charcos sazonais numa matriz florestal por aves reprodutoras ou migratórias, ou os efeitos da gestão florestal. Sabe-se que as zonas ripícolas associadas a outros tipos de massas de água (ribeiros, rios, lagos) são importantes para as aves migradoras e que a diversidade de aves nidificantes é maior nas florestas adjacentes à água (Hanowski et al., 2003).

A influência das aves na manutenção do equilíbrio ecológico não pode ser negada. Dado que as aves têm um estatuto único na cadeia alimentar, tornam-se indicadores de poluição e de outras pressões bióticas. Nos locais onde se registam concentrações elevadas de espécies de aves, é provável que outras formas de flora e fauna ocorram em abundância e variedade semelhantes. O conjunto de aves nas comunidades é o resultado de muitos factores em interação, que, individualmente, são insuficientes para explicar o padrão das comunidades de aves (Wiens, 1995).

Prato-14: Garça-vermelha (Ardea purpurea) registada no lago Lalbagh

Placa-15: Garça-real (Aredeola grayii) registada no lago Lalbagh

Placa-16: Pato de bico pontiagudo registado no lago Lalbagh

Placa-17: Ganso-pigmeu-do-algodão (Nettapus coromandelianus) registado no lago Lalbagh

Placa-18: Galinha do pântano roxa registada no lago Lalbagh

Placa-19: Cormorão-pequeno registado no lago Lalbagh

Placa-20: Galinha-d'água comum registada no lago Lalbagh

Placa-21: Garça indiana registada no lago Lalbagh

A comunidade de aves num determinado habitat também muda sazonalmente (Hidden, 1965; Anderson 1972; Wiens, 1995). A interação das espécies de aves com uma determinada qualidade de alimento ou para reduzir a exposição à predação (Franzreb, 1978; Yahnar, 1982). A abundância e a diversidade da comunidade aviária indicam obviamente a ligeira diversidade ecológica de Assam (Saikia e Bhattacharejee, 1993).

O presente estudo incide sobre a diversidade sazonal e a densidade da fauna de aves no lago Madivala, em Bangalore, Karnataka.

4.1 Revisão da literatura

Jorge E. Rabinovich e Eduardo H (1975), variação geográfica da diversidade dos passeriformes argentinos. O número de espécies, géneros e famílias de aves passeriformes é apresentado sob a forma de mapas de isolinhas, foram realizadas correlações simples e múltiplas entre a riqueza de taxa e a entropia com a precipitação, as temperaturas (média anual, média de julho e média de janeiro), a altitude mínima, a altitude máxima e a inclinação, calculando também os coeficientes beta que pesam a importância das variáveis independentes. O índice de estratos a uma escala macro-geográfica explica bastante bem a riqueza de taxa.

Rashid H. Raza (2004), estudando o vale de Gori-ganga, captou todo o gradiente de habitats dos Himalaias, desde o sal subtropical até aos prados alpinos, numa distância de cerca de cem quilómetros do rio, desde a sua confluência até à nascente. Foi registado na região um total de 246 espécies de aves (212 residentes no verão, dependentes da floresta) em 34 famílias e 135 géneros, representando mais de 45% da diversidade de aves nidificantes dos Himalaias ocidentais e quase 55% das espécies de aves nidificantes dos Himalaias de Kumaon. As aves deste conjunto estão agrupadas ao longo do gradiente de altitude. Os grupos correspondem a zonas bioclimáticas subtropicais, temperadas, sub-alpinas e alpinas. A zonação das aves corresponde bem às zonas de vegetação. A maior riqueza ocorre na zona temperada. As comunidades de aves diferem em termos de afinidades biogeográficas ao longo do gradiente de altitude e apontam para diferentes fontes.

Krushnamegh Kunte, et al., (1997), recenseia os padrões de diversidade de borboletas, aves e árvores nos ghats ocidentais. A comparação destes padrões com os encontrados entre as árvores e as aves, registados em estudos semelhantes, revelou paralelos e contrastes interessantes. A dissimilaridade das espécies em tipos de vegetação sempre verde foi elevada para as árvores e borboletas, mas baixa para as aves. As assembleias de aves e borboletas em plantações de árvores em monocultura apresentavam uma baixa riqueza de espécies, uma menor distinção e níveis elevados de dissimilaridade, sendo constituídas por espécies bastante disseminadas. No entanto, no geral, houve pouca relação entre os grupos taxonómicos e os tipos de vegetação através da dispersão da diversidade e da sua co-variação entre grupos taxonómicos para a atribuição de prioridades de conservação. Salientamos a necessidade de classificar a paisagem, tanto natural como artificial, com base nos tipos de vegetação estrutural, seguida de uma amostragem estratificada de múltiplos grupos de organismos para monitorizar o estado e conceber estratégias de conservação da biodiversidade.

Stephanie Melles et al., (2003), para as aves em ambientes urbanos, a configuração do habitat local na paisagem pode ser tão crítica como a composição do próprio habitat local. Examinámos a importância relativa dos atributos ambientais medidos a diferentes escalas espaciais em relação à riqueza e abundância de espécies de aves urbanas. Esperávamos que algumas espécies de aves e guildas de nidificação tivessem uma associação mais próxima com características ao nível da paisagem (num raio de 1000 m), como a proximidade de grandes áreas florestais, do que com medidas de habitat à escala local (num raio de 50 m). Para investigar este aspeto, foram recolhidos dados sobre a comunidade aviária em 285 estações de contagem de pontos em 1997 e 1998 ao longo de quatro transectos à beira da estrada localizados em vancouver e Burnaby, British Columbia, Canadá. Os transectos (5-25 km de comprimento) atravessaram três grandes parques (<324 ha) e prosseguiram ao longo de ruas residenciais em áreas urbanas e suburbanas. No total, foram observadas 48 espécies de aves, incluindo 25 espécies comuns. A riqueza de espécies diminuiu em relação a um gradiente de urbanização crescente, medido pelas características do habitat a nível local e da paisagem. Examinámos ainda o significado e a importância dos atributos de habitat ao nível local versus ao nível da paisagem, utilizando a regressão logística, e verificámos que ambas as escalas explicavam as distribuições de presença/ausência de aves residenciais. As características do habitat à escala local, como as grandes árvores coníferas, os arbustos produtores de bagas e os cursos de água doce, foram particularmente importantes para estimar a probabilidade de encontrar espécies de aves. As medidas de paisagem, em particular o coberto florestal (num raio de 500 m) e a área do parque (medida a diferentes escalas em função da distância das estações de contagem de pontos) melhoraram significativamente as estimativas de probabilidade baseadas apenas em características de habitat à escala local. Os nossos resultados sugerem que os recursos locais e à escala da paisagem são importantes para determinar a distribuição das aves nas zonas urbanas. Os parques, as reservas e as áreas residenciais circundantes devem ser integrados no planeamento urbano e nos projectos de desenvolvimento para manter a avifauna residente e a diversidade global de espécies em ambientes urbanos.

William J. Mcshea (2003), tem como objetivo gerir a abundância e a diversidade das populações de aves reprodutoras através da manipulação das populações de veados, papel que os veados desempenham na estruturação da floresta sob histórias. Testámos a capacidade de os veados afectarem as populações de aves florestais através da monitorização da densidade e da diversidade da vegetação e das populações de aves através da monitorização da densidade e da diversidade das plantas lenhosas do sub-bosque. As populações de aves, no seu conjunto, aumentaram após o confinamento dos cervídeos, em particular as espécies de solo e de copa intermédia. A diversidade das aves não registou um aumento significativo. As alterações na vegetação de sub-bosque explicam a maior parte da variabilidade observada na abundância e diversidade das populações de aves.

Srinivasulu e Nagulu (1998), o artigo faz uma breve análise da diversidade de mamíferos e aves das colinas de Nallamala (15020· -1603 FN e 78030'- 80010'E), Andhra Pradesh. Com base em levantamentos faunísticos efectuados de forma intermitente em toda a área de estudo e em informações publicadas, é referida a presença de 74 mamíferos e 302 espécies de aves neste trecho dos Ghats Orientais.

JoAnn Hanowski (2004) estudou as aves nidificantes da CHMA, situada no nordeste de Aitkin Country e gerida pelo departamento florestal do condado de

Aitkin e pelo Departamento de Recursos Naturais do Minnesota num formato de idade irregular. Os objectivos florestais para esta área consistem em fornecer recursos de madeira para a indústria local e promover a regeneração e o crescimento de árvores de folhosas de elevado valor, marinando este tipo de floresta em cada rotação. As florestas de folhosas do Norteen fornecem habitat para uma variedade de espécies de aves nidificantes, incluindo várias migradoras de longa distância. Embora a resposta das aves nidificantes às fases sucessivas da floresta, desde o corte raso até à idade adulta, seja relativamente bem conhecida e previsível para as florestas do norte do Minnesota, a resposta das aves nidificantes à gestão de idades irregulares nas folhosas do norte não foi estudada no Minnesota.

Stephanie J. Melles (2005) estudou a diversidade de aves urbanas como um indicador da diversidade social humana e da desigualdade económica em Vancouver, na Colúmbia Britânica. A distribuição desigual da riqueza nas cidades contribui para outras formas de desigualdades espaciais, sociais e biológicas de forma complexa, interactiva e auto-reforçada. Os trabalhos recentes sobre aves urbanas têm-se centrado frequentemente em estudos de correlação a nível comunitário de curta duração, em que muitos pontos ao longo de um gradiente urbano são objeto de um inquérito sobre aves e os dados são relacionados com diversas variáveis ecológicas medidas a várias escalas. A variação espacial nas comunidades de aves urbanas pode também refletir variáveis socioecómicas e diferenças culturais entre a população humana. Não encontrei uma relação direta entre a idade do bairro e a diversidade e abundância de aves. Os resultados demonstram que os bairros mais ricos têm mais espécies nativas que aumentam em abundância à medida que o estatuto socioeconómico do bairro melhora. Prevê-se que dois terços da população mundial vivam em cidades até 2030, pelo que cada vez mais pessoas crescerão rodeadas por uma comunidade de aves depauperada, o que poderá afetar negativamente a forma como as pessoas percepcionam, percebem e compreendem a natureza. Em última análise, à medida que a avifauna urbana diminui e os habitantes das cidades se dissociam da diversidade natural que representa, o apoio popular à preservação e recuperação dessa diversidade pode diminuir, permitindo que as condições ecológicas sofram uma erosão ainda maior.

Jim Lind et al., (2004), estudaram a monitorização das aves nidificantes nas florestas nacionais dos Grandes Lagos, um total de 132,134 e 164 povoamentos (1.246 pontos) foram pesquisados para aves nidificantes nas florestas nacionais de Chequamegon, Chippewa e Superior, respetivamente, em 2004. Foram calculadas as tendências em termos de abundância relativa para 69 espécies de aves, incluindo 55 espécies na floresta nacional de Chequamegon, 54 na floresta nacional de Chippewa e 45 na floresta nacional de Superior. Foi calculado um total de 154 tendências de espécies, 59 (38%) das quais foram significativas (P<0,05). Dezassete espécies aumentaram significativamente (p<0,05) em pelo menos uma floresta nacional e 24 espécies diminuíram. Oito espécies tiveram tendências significativas de aumento e 14 de diminuição.

Robert Howe (2001), afirmou que o SIG serve de base para a conservação e monitorização das aves. A bacia dos Grandes Lagos suporta uma das mais ricas e produtivas faunas de aves nidificantes da América do Norte, incluindo muitas espécies de migradores neotropicais que estão a diminuir em grande parte da sua área de distribuição. A investigação efectuada nos últimos 15 anos nos grandes lagos ocidentais do Minnesota, Wisconsin e Michigan conduziu a uma grande quantidade de dados que documentam a distribuição e as associações específicas de habitat da maioria das espécies de aves residentes. Propomo-nos desenvolver ferramentas cientificamente rigorosas para aplicar esta informação e aumentar os dados existentes com inquéritos de campo orientados para espécies pouco representadas. Os resultados incluem mapas dinâmicos e compreensíveis da distribuição das aves na bacia ocidental dos Grandes Lagos e uma aplicação interactiva na World Wide Web destinada a orientar as actividades de planeamento da conservação das aves à escala local e regional.

Joann Hanowski (2004) efectuou levantamentos de aves nidificantes num estudo no norte do Minnesota que consistia numa matriz florestal madura em torno de um lago sazonal. O estudo incluiu dezasseis locais dispostos em quatro blocos com quatro locais cada. O estudo foi concebido para determinar se: 1. os lagos sazonais numa floresta madura influenciam a composição da comunidade de aves reprodutoras; 2. a gestão florestal em zonas tampão em torno de lagos sazonais afecta a composição da comunidade de aves reprodutoras; e 3. a composição da comunidade de aves difere entre zonas tampão de retenção florestal de lagos sazonais e manchas florestais residuais e árvores residuais deixadas durante a colheita num local de colheita. Três tratamentos diferentes foram aplicados dentro de buffers de dezessete metros da borda de uma lagoa; colheita de corte raso (redução da área basal para <2 m^2/ha), colheita de corte parcial (redução da área basal para 7-10 m^2/ha) e nenhuma colheita no buffer. As lagoas sem colheita ao redor da lagoa e a matriz florestal circundante foram mantidas como controles ao longo dos cinco estudos e os tratamentos foram atribuídos aleatoriamente às lagoas tratadas.

4.2 Materiais e métodos

4.2.1 Área de estudo

O distrito de Bangalore está localizado no coração do Sul de Deccan, na Índia Peninsular. Situa-se no canto sudeste do estado de Karnataka (12^0 39 - 13^0 18 N de latitude e 77^0 52 E de longitude) com uma área geográfica de cerca de 2.191 km2 e uma altitude média de 900 m acima do nível do mar. O clima do distrito goza de uma gama de temperaturas agradáveis, desde a máxima média mais elevada de 34^0 C em abril até à máxima média mais baixa de 14^0 C em janeiro. Tem duas estações chuvosas, de junho a setembro e de outubro a novembro, uma a seguir à outra, mas com regimes de vento opostos, correspondendo às monções de sudoeste e nordeste. A humidade relativa média mensal é mais baixa no mês de março (44%) e mais elevada nos meses de junho a outubro, situando-se em média entre 80 e 85%. A precipitação média anual é de 859,6 mm e o número médio de dias de chuva é de cerca de 57. Bangalore recebe 54% da precipitação total no período das monções do sudoeste, com uma precipitação de 496 mm e 34 dias de chuva. A monção do nordeste contribui com uma precipitação média de 241 mm e dias de chuva de 14. A localização do distrito de Bangalore é mostrada na Fig. 1.

4.2.2Lagos de distribuição em Bangalore

Os lagos de Bangalore ocupam cerca de 4,8% da área geográfica da cidade (640 km2), abrangendo zonas urbanas e rurais (Krishna *et al.,* 1996). Bangalore tem muitos lagos artificiais, mas não tem lagos naturais. Estes foram construídos para vários fins hidrológicos e para servir as necessidades de água potável e de irrigação. No total, existem 262 lagos na zona da cintura verde da cidade de Bangalore.

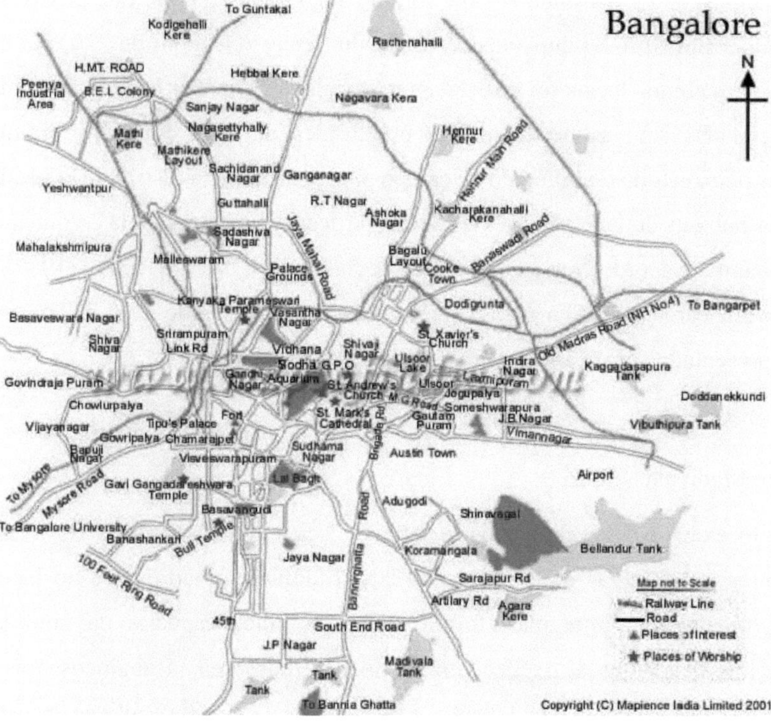

Fig 33 Localização do distrito de Bangalore

4.2.3Métodos

Para o levantamento da avifauna geral, foram feitas visitas mensais às áreas de estudo no lago Madivala e no lago Lalbagh, durante 5 a 8 dias por mês, de 2007 a setembro de 2007. Para estudar os impactos dos produtos químicos da água na avifauna, densidade e diversidade, foram efectuadas observações sazonais nos lagos. Para o efeito, foram efectuadas observações no lago. Para efeitos de observações sobre a avifauna geral, foram seleccionados quatro locais de estudo em cada lago para registar sazonalmente a densidade e a diversidade das aves aquáticas, de modo a cobrir a maior parte dos habitats. O estudo foi normalmente iniciado entre as 6h00 e as 11h00, com uma média de 5 horas de observações por dia. As observações foram todas visuais e efectuadas com binóculos de meio de campo (Zenith7×50 e Bushnell 8×40 e foram fotografadas sempre que possível com uma câmara SLR Asahipentax K-1000 com lentes telezoom de 220 mm e 440 mm). Em alguns locais foi utilizada uma tocaia, para que as aves pudessem ser fotografadas sem as perturbar. As populações de aves aquáticas foram estimadas pelo método do binóculo de campo para determinar a distribuição geral nos vários habitats do lago. As aves foram identificadas no campo pela coloração da plumagem, de acordo com as descrições de Salim Ali (1978) e Ripley (1987). O estado e a variação média mensal das diferentes espécies de aves aquáticas foram representados graficamente de março de 2007 a setembro de 2007.

4.3 Resultados

4.3.1Lago Madivala

Um estudo exaustivo revelou a ocorrência de cerca de 15 espécies de aves pertencentes a 9 famílias de 3 ordens no lago Madivala (quadro 1) e no lago Lalbagh (quadro 4). Entre elas, foram registadas cinco espécies da família Ardeidae, nomeadamente Aredeolagragii, Ardea purpurea, Bubulucus ibis, Edretta garzetta e Plocecus bengalensis, três espécies da família Rallidae, como Gallinula chrolopus, Porphyrio porphyrio e Fulica atra, duas espécies da família Alcedinidae, como Ceryle rudis, Haleyon smyrenisis e o corvo-marinho-pequeno

(Phalacrocoraniger) da família Phalacrocoraidae, o pisco-de-peito-ruivo (Mycteria lecocephala) da família Ciconidae, o pica-pau-dourado-pequeno (Dinpium begalence) da família Picidae, a jacana-de-bico-vermelho (Metro pideus) e a jacana-de-faisão (Hydro phasianus) da família Jacanidae durante o período de estudo. A maior parte destas espécies são comuns no lago Madivala, exceto o tecelão de peito preto, a jacana de asa branca e a jacana de cauda de faisão, que não são comuns.

No lago Madivala, foram registadas 15 espécies de aves pertencentes a famílias de 3 ordens (Quadro - 4). O corvo-marinho-pequeno (Phalaacrocoreniger) e a galinha-d'água-comum (Gallinula chrolpus) foram as espécies de aves mais abundantes e frequentes durante todo o ano

Tabela-4 Diversidade de espécies de aves avistadas durante o período de estudo de março-2007 a setembro de 2007 no lago Madivala

Sl. Não.	Família	Nome da espécie	Nome comum	Estado
1	Phalacroco racidae	Phalacrocoraniger	Corvo-marinho-pequeno	C
2	Ardeídeos	Ardeela gragii Ardea purpurea Bubulucus ibis Garça-branca-grande Ploceus bengalnsis	Garça-real garça-vermelha garça-boieira Garça-branca-pequena Tecidos de peito preto	C C C C U
3	Ciconiídeos	Mycteria leucocephda	Arca pintada	C
4	Anasídeos	Anas Poecilorphynoha Sarlhidionis melanotac	Pato de bico fino Pato de pente	C C
5	Rallidae	Gallinula chrolopus Porphyrio porhyrio Fulica atra	Galinha-d'água-comum Galinha-d'água-roxa Galeirão-comum	C C C
6	Alcediníideos	Ceryle rudis Halcyon Sreyrensis	Martim-pescador-pequeno Castanho branco	C C

			Pescador-rei	
7	Picídeos	Dinopium bengalence	Bico-de-papagaio-dourado-pequeno	C
8	Motacillidae	Motacilla flova	Alvéola amarela	C
9	Idanidae	Metro pideus Hytrophasianus	Bronze com asas Jaccnn Faisão falhado Jacana	U U

C : COMUM

U: NÃO COMUM

Quadro 5 Dados sobre a percentagem de aves do lago Madivala durante o período de estudo de março a setembro de 2007 no lago Madivala

Sl. Não.	Nome da espécie de ave	Lago Madivala							Total %age
		Mar	abril	maio	junho	julho	agosto	Set.	
01	Corvo-marinho-pequeno	2.6	3.0	3.8	2.7	2.0	2.1	1.8	18
02	Garça-real	1.3	2.8	3.0	1.2	1.7	1.8	1.8	13.6
03	Garça-vermelha	2.9	3.21	3.00	3.1	2.1	2.8	1.5	18.61
04	Garça-boieira	2.7	3.2	2.8	1.8	2.1	1.8	3.8	18.2
05	Garça-branca-grande	2.0	2.1	2.7	1.8	1.9	2.1	2.2	17.7
06	Garça-branca-pequena	3.0	3.1	3.2	3.1	2.8	2.9	1.8	19.9
07	Cegonha pintada	2.1	1.8	2.0	2.1	2.8	2.9	2.1	15.8
08	Pato à vista	1.8	2.0	1.8	1.3	1.4	1.5	1.7	11.5
09	Pato penteado	1.8	2.1	3.2	3.1	1.8	2.1	2.0	19.2
10	Galinha-d'água-comum	6.2	7.2	8.0	6.2	5.8	5.9	4.8	44.1
11	Galinha-d'água	7.2	5.2	4.2	3.2	3.8	3.9	2.8	30.3

	roxa								
12	Galeirão-comum	10.1	9.2	8.2	8.1	7.0	6.8	6.2	55.6
13	Rei pied menor	1.8	1.3	-	-	1.1	1.0	-	5.2
14	Martim-pescador de peito branco	2.1	2.2	2.1	2.3	-	1.8	1.7	12.2
15	Ouro menor	1.0	-	-	-	0.8	1.0	-	2.8
16	Alvéola-amarela	1.2	1.3	1.4	-	1.5	1.0	0.8	7.2

Quadro 6 Abundância sazonal (Média + SE) das espécies de aves aquáticas no lago Madivala durante o período de estudo março - 2007 a setembro 2007

Sl. Não.	Nome das aves	março	abril	maio	junho	julho	agosto	setembro
01	Corvo-marinho-pequeno	15.75±3.88	19.75±4.17	16.25±4.4	13.5±1.1	3.50±0.56	5.0±0.94	11.25±1.24
02	Garça-real	5.00±0.94	6.0±1.37	3.7±0.63	5.2±1.14	3.5±0.56	2.0±0.6	8.0±1.46
03	Garça-vermelha	4.50±0.75	8.5±0.56	7.25±2.8	5.0±0.79	4.75±0.74	2.75±0.74	8.2±0.74
04	Garça-boieira	2.5±0.56	1.00±0.61	1.75±0.41	2.50±0.56	2.50±0.56	2.75±0.41	3.6±0.61
05	Garça-branca-grande	6.50±1.30	1.75±0.54	4.25±1.52	1.50±0.43	1.25±0.54	3.00±0.94	2.25±0.74
06	Garça-branca-pequena	2.15±1.39	2.50±0.25	2.75±0.96	2.25±1.24	3.75±1.43	3.75±1.44	3.25±0.54
07	Cegonha pintada	1.25±0.65	1.25±0.41	1.25±0.21	2.0±0.35	2.0±0.61	2.25±0.74	2.75±0.74
08	Pato à vista	2.50±0.25	3.75±0.74	2.25±0.22	2.75±1.08	2.25±0.74	2.25±0.90	2.75±0.41
09	Pato penteado	1.75±0.54	2.75±0.41	3.75±0.74	2.0±0.61	4.75±1.08	3.25±1.08	5.25±1.08
10	Galinha-d'água-comum	14.25±3.78	17.50±6.38	20.0±7.41	13.50±1.92	9.25±2.16	19.0±0.87	18.0±5.9
11	Galinha-d'água roxa	11.50±4.04	12.25±3.76	7.75±3.65	2.25±3.11	15.25±4.76	10.75±2.68	13.50±4.15
12	Galeirão-comum	13.25±2.77	11.00±3.62	9.75±2.77	16.75±5.91	15.75±4.42	12.50±3.98	14.25±4.4
13	Rei pied menor	1.4±0.61	1.25±0.65	2.0±0.35	1.50±0.56	3.0±0.5	0.25±0.22	1.50±0.83
14	Martim-pescador de peito branco	3.50±0.56	5.75±1.19	0.75±0.41	1.25±0.65	2.75±0.74	2.00±0.61	3.00±0.94
15	Ouro menor	2.25±0.22	0.75±0.22	1.75±0.54	1.50±0.56	2.25±0.82	2.75±0.74	2.75±0.41

16	Alvéola-amarela	2.25±0.74	1.25±0.65	1.71±0.41	2.00±0.35	0.75±0.65	2.00±0.61	2.25±0.74

observadas, outras espécies frequentes foram a garça-boieira (Ardeola grayii), a garça-vermelha (Ardea purpura), a garça-boieira (Bubulucus ibis), a garça-branca-grande (Egretta Garzetta), a garça-pintada (Mycteria lecocephala) e a galinha-d'água-roxa (porphyrio prophyrio), Galeirão-comum (Fulica atra), Pescador-rei (ceryle rudis), Guarda-rios (Halcyon smyrenis), Alvéola-amarela (Motacilla flava), Jacanã (Metro pideus) e Jacanã (Hydro phasianus).

A percentagem da fauna de diferentes aves é apresentada na (Tabela 2), corvo-marinho-pequeno (18%), garça-real (13,6%), garça-vermelha (18,6%), garça-branca-grande (17,7%), garça-boieira (18,2%), pato-de-bico-vermelho (11,5%), galinha-d'água-comum (44.1%), galinha-d'água-roxa (30,3%), galeirão-comum (55,6%), guarda-rios-pequeno (5,2%), guarda-rios-branco (12,2%), guarda-rios-pequeno (2,8%), alvéola-amarela (72%) e pato-pintado (15,8%), no lago Madivala.

A abundância sazonal das aves aquáticas é apresentada no quadro 4. No lago Madivala, o pequeno corvo-marinho variou entre o mínimo de 3,5÷0,56 e o máximo de 19,75 ± 4,17. A garça de lagoa variou entre o mínimo de 2,75÷0,6 e o máximo de 8,0÷1,46, a garça roxa variou entre o mínimo de 2,75÷0,74 e o máximo de 8,5÷0,56, a garça-boieira variou entre o mínimo de 1,00÷0,61 e o máximo de 3,6÷0,61, a garça-branca-grande variou entre o mínimo de 1,25÷o,54 e o máximo 6,50÷1,03, a garça-branca-pequena variou entre o mínimo 2,25±1,24 e o máximo 3,75±1,44, a cegonha-pontuada variou entre o mínimo 1,25±0,41 e o máximo 2,75±0,74, o pato-de-bico-ponto variou entre o mínimo 2,25±0,22 e o máximo 3,75±0,74, o pato-de-bico-cinzento variou entre o mínimo 1,75±0,54 e o máximo 5.25±1.08, a galinha-d'água comum varia entre um mínimo de 9.25± e um máximo de 20.00±7.41, a galinha-d'água roxa varia entre um mínimo de 2.25±3.11 e um máximo de 15.25±4.76, o galeirão comum varia entre um mínimo de 9.75±2.27 e um máximo de 16.75±5.91, o pied king menor varia entre um mínimo de 0.25÷0.22 e um máximo de 3.O÷O.35, o borrelho branco varia entre

0,75÷0,41 e o máximo 5,75÷1,19, o borrelho-pequeno varia entre o mínimo 0,75÷0,22 e o máximo 2,75÷0,7 e a alvéola-amarela varia entre o mínimo 0,75÷0,65 e o máximo 2,25÷0,74.

A comparação sazonal do pequeno corvo-marinho mostrou flutuações significativas em diferentes meses durante o período de estudo (Fig. 1). O valor médio desta espécie foi mais elevado em abril de 2007 e mais baixo em julho de 2007 no lago Madivala. Esta espécie migra para outros locais de junho a agosto e regressa ao início do inverno em setembro.

A abundância da garça de lago mostrada na (Fig. 2), o valor médio desta espécie, mostrou o pico durante setembro de 2007 e o mínimo durante agosto de 2007 no lago Madivala. Estas flutuações devem-se muito provavelmente a migrações locais em resposta a mudanças na disponibilidade de alimentos no lago.

A abundância da garça roxa mostrada na (Fig. 3), o valor médio desta espécie, mostrou um pico durante abril de 2007 e um mínimo durante agosto de 2007 no Lago Madivala. Mas diminuiu em agosto e aumentou em setembro, tendo-se verificado muitas alterações até março de 2007, no lago.

A abundância da garça-boieira mostrada na (Fig. 4), o valor médio desta espécie, apresentou o pico durante setembro de 2007 e o mínimo durante agosto de 2007, aumentou gradualmente em maio, junho, julho agosto e setembro de 2007 na Lagoa da Madivala. Esta espécie no lago foi registada de maio a junho de 2007.

A abundância da garça-branca-grande (Fig. 5), o valor médio desta espécie, apresentou um pico em março de 2007 e um mínimo em julho de 2007, após o mês de março as populações registadas diminuíram até maio e também diminuíram até setembro de 2007 na Lagoa da Madivala.

A abundância da garça-branca-pequena (Fig. 6), o valor médio desta espécie, apresentou um pico durante julho e agosto de 2007 e um valor mais baixo durante junho. Mas junho, agosto de 2007, janeiro, fevereiro, maio de 2007 e agosto de 2007 apresentaram o valor médio mais elevado no lago.

A abundância de patos de bico pontiagudo mostrada na (Fig. 7), o valor médio desta espécie, mostrou um pico durante abril de 2007 e um mínimo durante setembro de 2007 no lago Madivala.

A abundância de galinha-d'água comum mostrada na (Fig. 8), o valor médio desta espécie, mostrou o pico durante maio de 2007 e o mais baixo durante julho de 2007 no Lago Madivala. Mas junho, março e maio de 2007 apresentaram o valor médio mais elevado no lago.

A abundância de galinha-d'água roxa mostrada na (Fig. 9), o valor médio desta espécie, mostrou o pico durante setembro de 2007 e o mais baixo durante junho de 2007 no Lago Madivala. Mas os meses de junho a agosto, abril, maio e junho apresentaram o valor médio mais elevado no lago.

A abundância do galeirão-comum mostrada na (Fig. 10), o valor médio desta espécie, mostrou um pico durante junho de 2007 e um mínimo durante maio de 2007 no Lago Madivala. Mas agosto, abril e março de 2007 apresentaram os valores médios mais elevados em 2007 no lago.

A abundância do peixe-rei de peito branco mostrada na (Fig. 11), o valor médio desta espécie, mostrou o pico durante abril de 2007 e o mais baixo durante maio de 2007 no lago Madivala. Mas maio, agosto e abril de 2007 mostraram um valor médio mais elevado do que no lago.

A abundância da cauda de abano amarela mostrada na (Fig. 12), o valor médio desta espécie, mostrou o pico durante fevereiro de 2007 e o mais baixo durante julho de 2007 no lago Madivala. Mas março, junho, agosto e setembro apresentaram os valores médios mais elevados no lago.

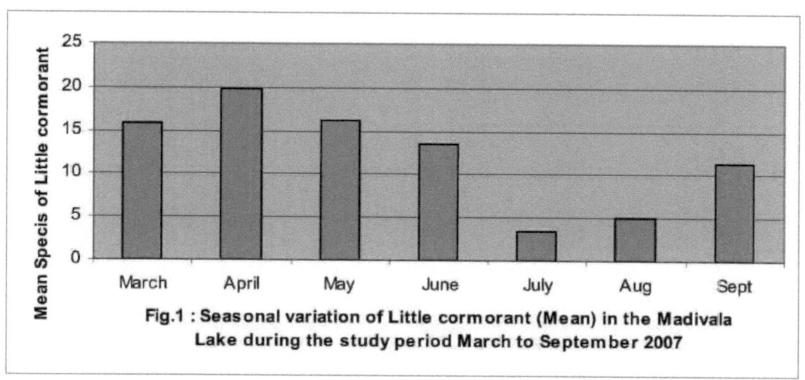

Fig.1 : Seasonal variation of Little cormorant (Mean) in the Madivala Lake during the study period March to September 2007

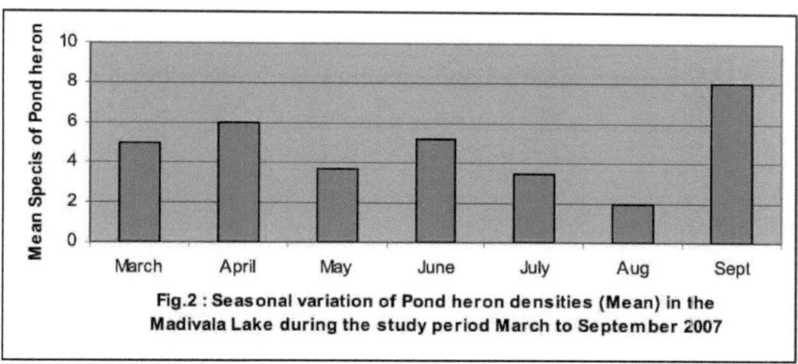

Fig.2 : Seasonal variation of Pond heron densities (Mean) in the Madivala Lake during the study period March to September 2007

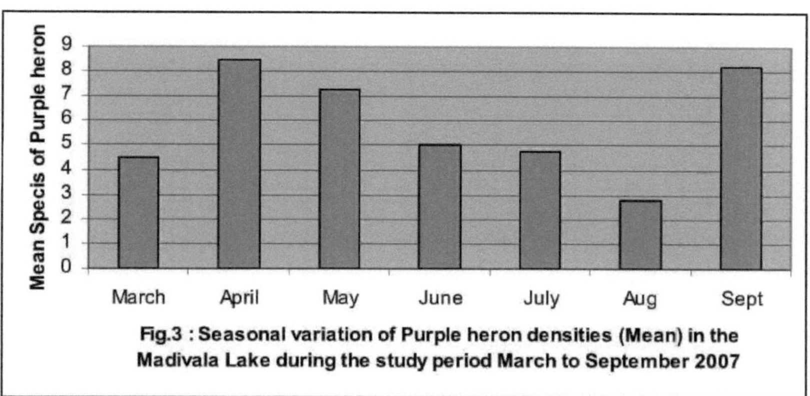

Fig.3 : Seasonal variation of Purple heron densities (Mean) in the Madivala Lake during the study period March to September 2007

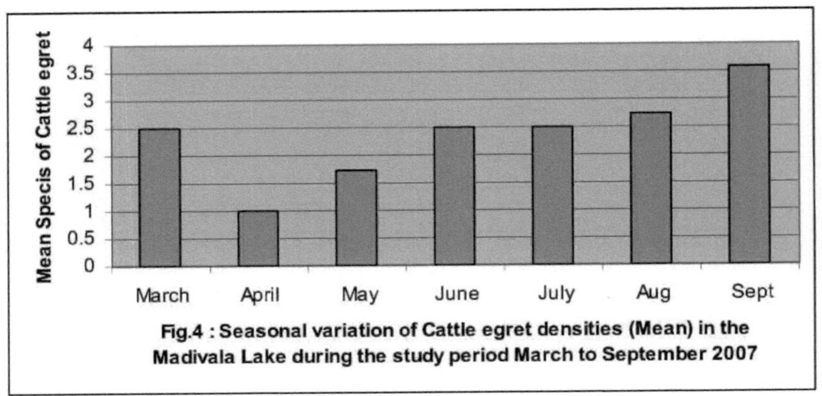

Fig.4 : Seasonal variation of Cattle egret densities (Mean) in the Madivala Lake during the study period March to September 2007

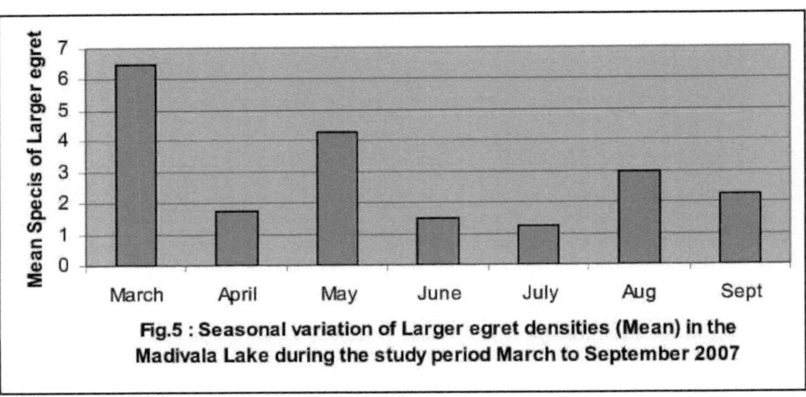

Fig.5 : Seasonal variation of Larger egret densities (Mean) in the Madivala Lake during the study period March to September 2007

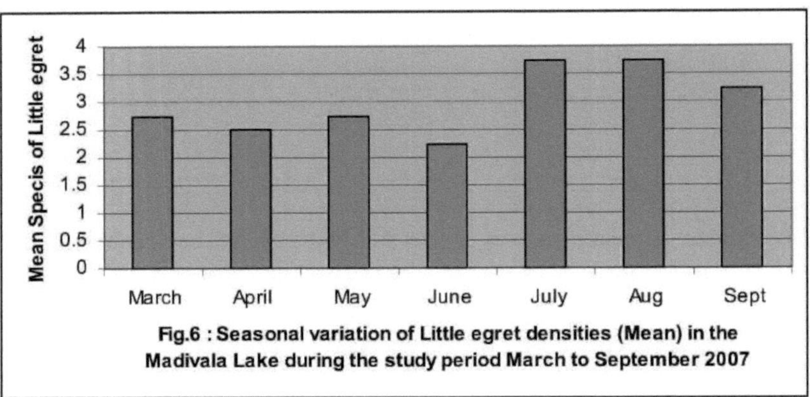

Fig.6 : Seasonal variation of Little egret densities (Mean) in the Madivala Lake during the study period March to September 2007

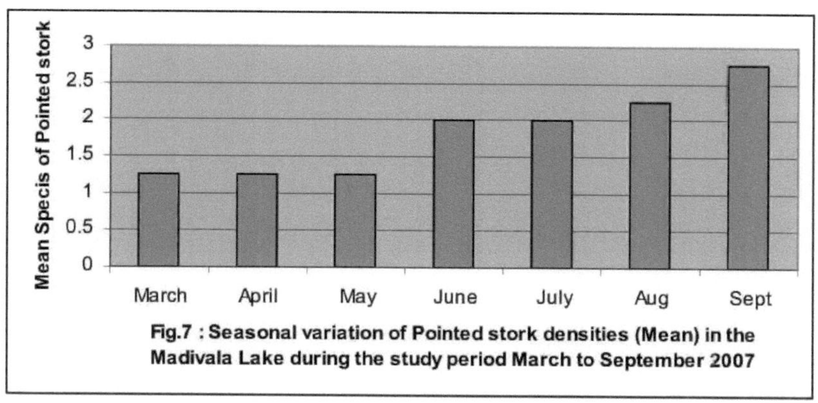

Fig.7 : Seasonal variation of Pointed stork densities (Mean) in the Madivala Lake during the study period March to September 2007

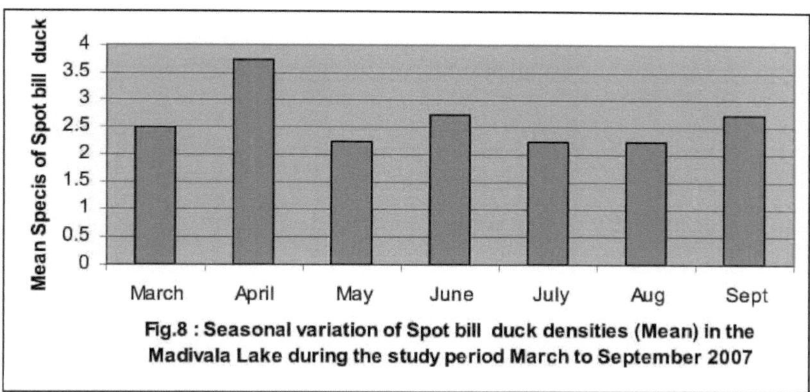

Fig.8 : Seasonal variation of Spot bill duck densities (Mean) in the Madivala Lake during the study period March to September 2007

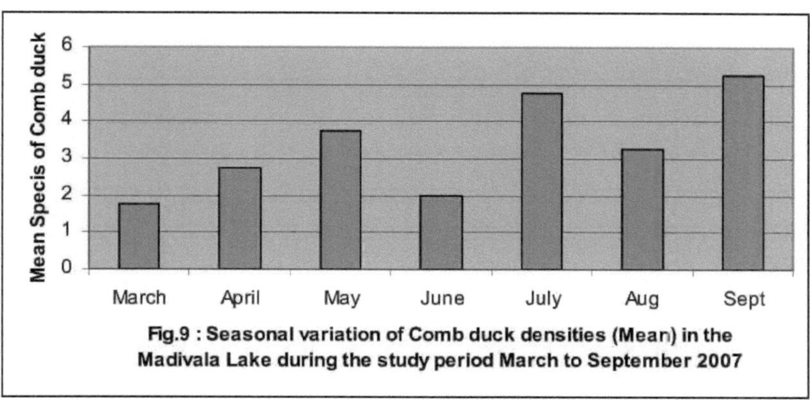

Fig.9 : Seasonal variation of Comb duck densities (Mean) in the Madivala Lake during the study period March to September 2007

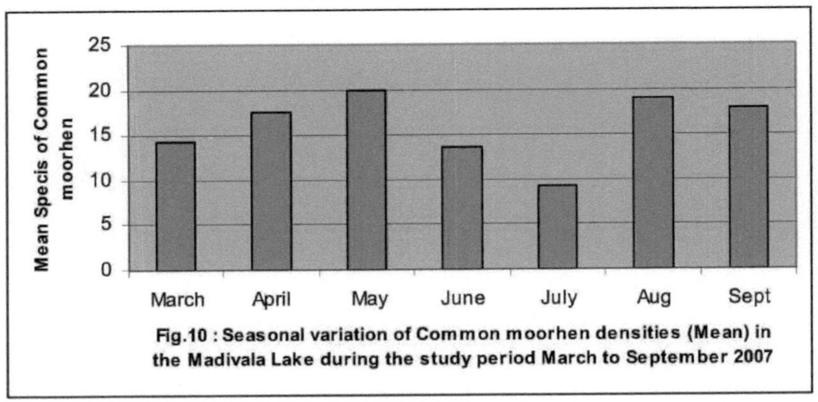

Fig.10 : Seasonal variation of Common moorhen densities (Mean) in the Madivala Lake during the study period March to September 2007

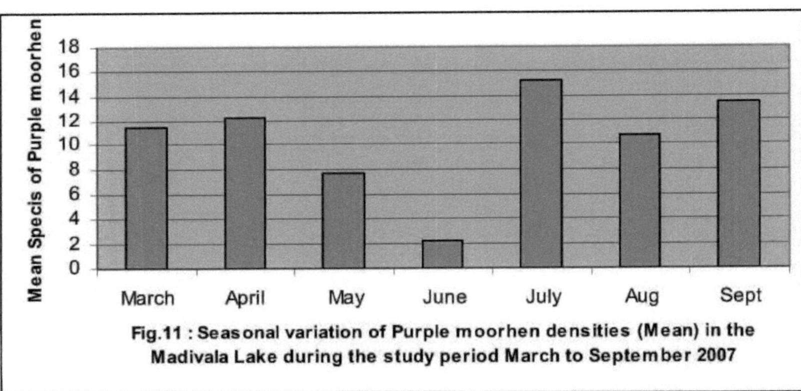

Fig.11 : Seasonal variation of Purple moorhen densities (Mean) in the Madivala Lake during the study period March to September 2007

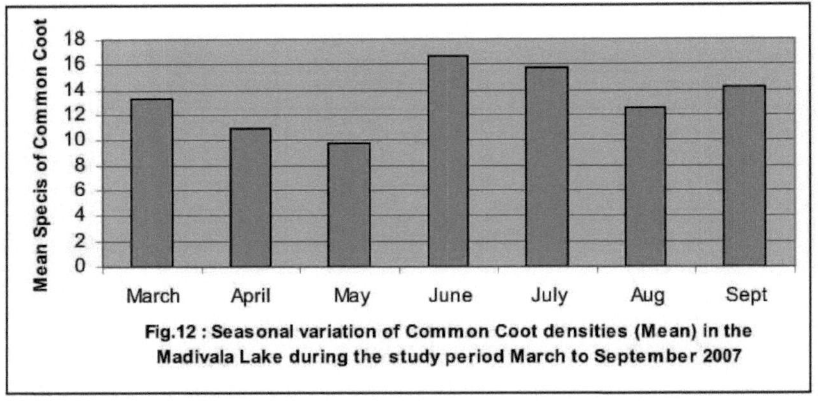

Fig.12 : Seasonal variation of Common Coot densities (Mean) in the Madivala Lake during the study period March to September 2007

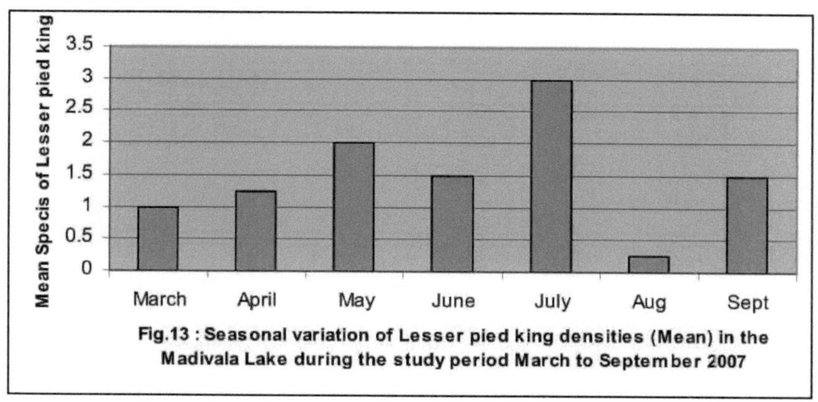

Fig.13 : Seasonal variation of Lesser pied king densities (Mean) in the Madivala Lake during the study period March to September 2007

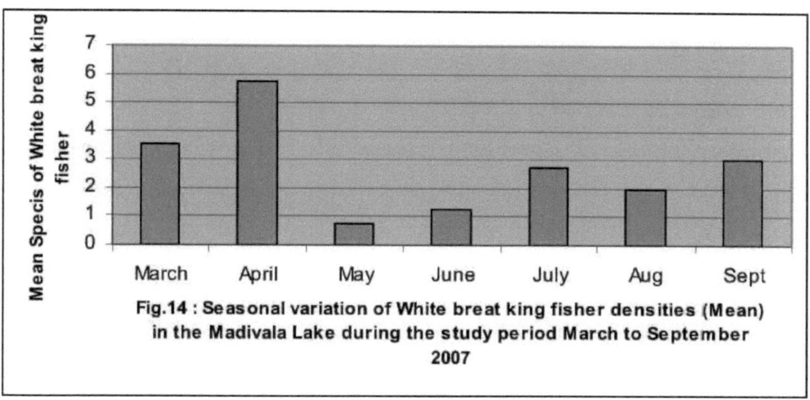

Fig.14 : Seasonal variation of White breat king fisher densities (Mean) in the Madivala Lake during the study period March to September 2007

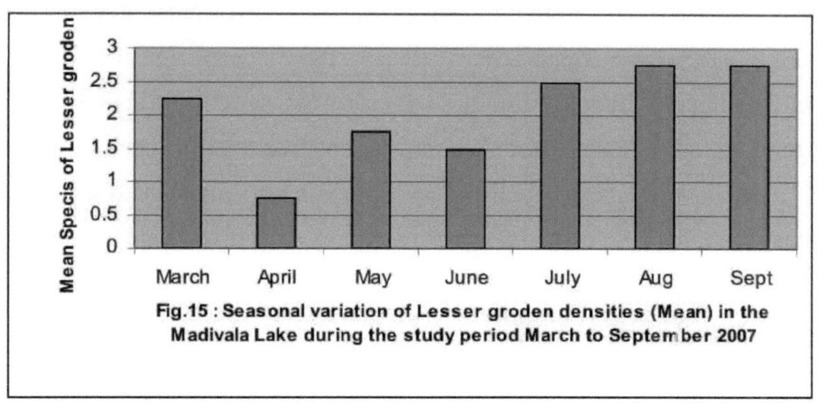

Fig.15 : Seasonal variation of Lesser groden densities (Mean) in the Madivala Lake during the study period March to September 2007

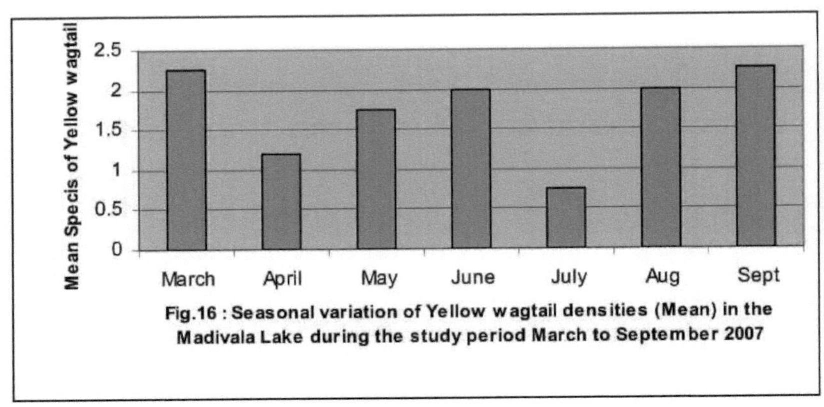

Fig.16 : Seasonal variation of Yellow wagtail densities (Mean) in the Madivala Lake during the study period March to September 2007

4.3.2Lago Lalbagh

Um estudo exaustivo revelou a ocorrência de cerca de 9 espécies de aves pertencentes a 4 famílias no lago Lalbagh (quadro 5). Entre elas, quatro espécies da família Rallidae, como Gallinula chrolopus, Porphyrio porphyrio e Fulica atra, e Amaurornis pheoenicures, duas espécies da família Ardeidae, nomeadamente Aredeola grayii e Ardea purpurea, duas espécies da família Anatidae, Nellapus coromndelianus e Anas poecilorphyncha, e uma espécie de Phalacrocoraniger, durante o período de estudo. A maioria destas espécies é comum no lago Lalbagh

No lago Lalbagh foram registadas 9 espécies de aves pertencentes a famílias de (Quadro - 6). O corvo-marinho-pequeno (Phalaacrocoreniger) e a galinha-d'água-comum (Gallinula chrolpus) foram as espécies de aves mais abundantes e frequentes ao longo de todo o ano. Outras espécies frequentes foram a garça-da-lagoa (Ardeola grayii), a garça-vermelha (Ardea purpura), a galinha-d'água-roxa (porphyrio prophyrio) e o galeirão-comum (Fulica atra). Exceto o pato de bico manchado (Anas poecilorphyncha) e o ganso pigmeu do algodão (Nellapus Coromndelianus) no lago Lalbagh.

A percentagem de diferentes espécies de aves é apresentada no quadro 5: corvo-marinho (15,2%), garça-real (18,1%), garça-vermelha (17%), pato-bico-de-ponta (13,5%), galinha-d'água-comum (44,1%), galinha-d'água-roxa (30,3%), galeirão-comum (65,6%), ganso-pombo (10,6%) e galinha-d'água-de-bico-branco

(12,8%), no lago Lalbagh.

A abundância sazonal de aves aquáticas é apresentada no Quadro 6. No lago Lalbagh, o corvo-marinho-pequeno variou entre um mínimo de 7,2±0,1 e um máximo de 12 ± 1,8. A galinha-d'água de peito branco variou entre um mínimo de 2,3÷0,7 e um máximo de 8,3±1,2, a galinha-do-pântano roxa variou entre um mínimo de 1,9±0,7 e um máximo de 3,8±1,3, a galinha-d'água comum variou entre um mínimo de 1,8±1,7 e um máximo de 3,2±1,0, o galeirão-comum variou entre um mínimo de 8,2±1,7 e um máximo de 11,3÷0.9, a garça-vermelha varia entre o mínimo de 1,7÷0,2 e o máximo de 4,2±0,7, a garça-da-índia varia entre o mínimo de 2,1±1,7 e o máximo de 4,5±0,1, o ganso pigmeu varia entre o mínimo de 3,2±1,3 e o máximo de 7,2±1,3, o pato de bico manchado varia entre o mínimo de 1,73±0,3 e o máximo de 3,7±1,3,

Quadro-7 Diversidade das espécies de aves avistadas durante o período de estudo, de março de 2007 a setembro de 2007, no lago Lalbagh

SI. Não.	Família	Nome da espécie	Nome comum	Estado
1	Phalacroco racidae	Phalacrocoraniger	Corvo-marinho-pequeno	C
2	Rallidae	Amaurornis Phoenicuras Gallinula chrolopus Porphyrio porhyrio Fulica atra	Galinha-d'água de peito branco Galinha-d'água-comum Galinha-d'água roxa Galeirão-comum	C C C
3	Ardeídeos	Arderla grayii Ardea purpurea	Garça-real Garça-vermelha	C C
4	Anatidae	Nellapus coromandelianus Anas Poecilorphyncha	Ganso-pigmeu de algodão Pato de bico pontiagudo	C C

C: COMUM

U: NÃO COMUM

Tabela-8Dados sobre a percentagem de aves do lago Lalbagh durante o período de estudo, de março a setembro de 2007

Sl. Não.	Nome da espécie de ave	Lago Madivala							Total % idade
		Mar	abril	maio	junho	julho	agosto	Set.	
01	Corvo-marinho-pequeno	1.2	3.1	2.6	1.9	2.0	2.3	2.1	15.2
02	Galinha-d'água de peito branco	0.7	1.0	2.0	1.9	2.0	2.3	2.8	12.7
03	Púrpura do pantanal	1.3	3.1	2.1	2.3	2.7	2.6	2.9	17.0
04	Galinha-d'água-comum	6.2	6.0	5.3	6.0	7.2	5.2	6.3	42.2
05	Galeirão-comum	9.2	8.3	7.3	8.0	7.9	8.2	6.2	65.1
06	Garça-vermelha	2.1	2.3	2.7	3.0	2.3	2.5	2.1	17
07	Garça-real	3.2	3.0	2.7	2.1	2.8	2.3	2.0	18.1
08	Ganso pigmeu de algodão	1.2	0.8	1.0	2.1	1.8	1.9	1.8	10.6
09	Pato de bico manchado	2.1	2.8	1.8	2.1	2.0	1.3	1.4	13.5

Quadro-9 Abundância sazonal (média + SE) de espécies de aves aquáticas no lago Lalbagh durante o período de estudo de março de 2007 a setembro de 2007

Sl. Não.	Nome das aves	março	abril	maio	junho	julho	agosto	setembro
01	Corvo-marinho-pequeno	9.2±0.4	8.2±0.2	7.2±0.1	10.2±1.5	12±1.8	11.3±1.5	12±1.3
02	Galinha-d'água de peito branco	2.3±0.7	3.2±1.8	2.8±1.7	3.1±0.9	3.0±1.3	7.3±0.8	8.3±1.2
03	Galinha do pântano roxa	2.8±1.7	1.9±0.7	2.8±1.3	2.3±1.7	3.8±1.3	2.9±1.7	2.6±1.7
8	Galinha-d'água-comum	2.1±1.3	3.2±1.0	3.0±1.0	1.8±1.7	2.1±1.3	2.7±1.3	2.1±1.6

05	Galeirão-comum	8.2±1.7	9.3±0.9	10.2±1.3	11.3±0.1	11.3±0.9	11.3±1.8	10.2±0.7
06	Garça-vermelha	1.7±0.2	3.2±1.1	3.4±0.7	3.9±0.2	4.2±0.7	3.8±0.8	3.9±1.7
07	Garça-real	3.8±1.2	2.8±0.9	2.1±1.7	3.2±1.3	4.0±0.1	4.5±0.1	3.8±1.2
08	Ganso pigmeu de algodão	7.2±1.3	6.9±0.7	6.2±0.2	5.2±1.0	4.3±1.0	3.8±0.1	3.2±0.1
09	Pato de bico manchado	3.7±1.3	3.2±1.2	3.1±1.0	2.8±0.9	2.1±0.2	1.73±0.3	1.52±1.32

A comparação sazonal do pequeno corvo-marinho mostrou flutuações significativas em diferentes meses durante o período de estudo (Fig. 17). O valor médio desta espécie foi mais elevado em julho de 2007 e mais baixo em maio de 2007 no lago Lalbagh. Esta espécie migra para outros locais de junho a agosto e regressa ao início do inverno em setembro.

A abundância de galinha-d'água de peito branco mostrada na (Fig. 18), o valor médio desta espécie, apresentou um pico em setembro de 2007 e um mínimo em março de 2007 no lago Lalbagh. Estas flutuações devem-se muito provavelmente a migrações locais em resposta a alterações na disponibilidade de alimentos no lago.

A abundância da galinha do pântano roxa (Fig. 19), o valor médio desta espécie, apresentou um pico em julho de 2007 e um mínimo em abril de 2007 no lago Lalbagh. No entanto, aumentou em agosto e diminuiu em setembro, tendo-se verificado muitas alterações até março de 2007, no lago.

A abundância da galinha-d'água-comum (Fig. 20), o valor médio desta espécie, apresentou um pico em abril de 2007 e um mínimo em junho de 2007, tendo aumentado gradualmente em maio e junho de 2007 no lago Lalbagh. Esta espécie foi registada no lago de maio a junho de 2007.

A abundância do galeirão-comum mostrada na (Fig. 21), o valor médio desta espécie, apresentou um pico em junho de 2007 e um mínimo em março de 2007, após o mês de março as populações registadas diminuíram até maio e também diminuíram até setembro de 2007 no lago Lalbagh.

A abundância da garça-vermelha (Fig. 22), o valor médio desta espécie, mostrou um pico em julho de 2007 e um mínimo em março. Mas junho e agosto de 2007 apresentaram o valor médio mais elevado no lago.

A abundância da garça-real indiana (Fig. 23), o valor médio desta espécie, apresentou um pico em agosto de 2007 e um mínimo em maio de 2007 no lago Lalbagh.

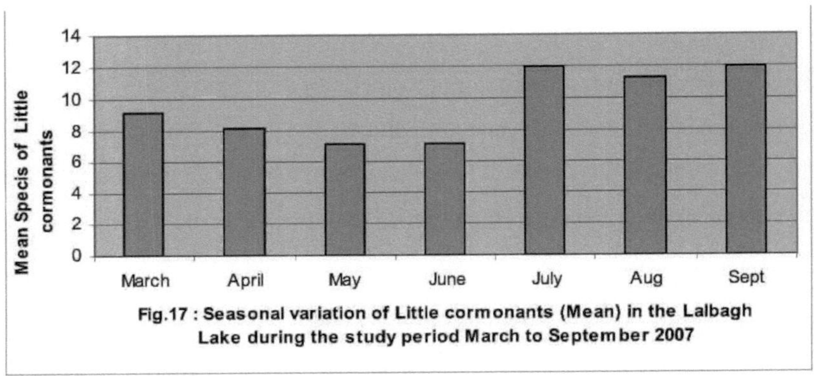

Fig.17 : Seasonal variation of Little cormonants (Mean) in the Lalbagh Lake during the study period March to September 2007

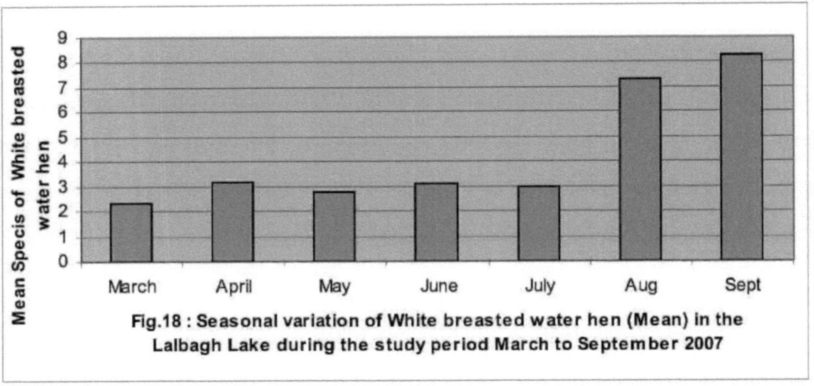

Fig.18 : Seasonal variation of White breasted water hen (Mean) in the Lalbagh Lake during the study period March to September 2007

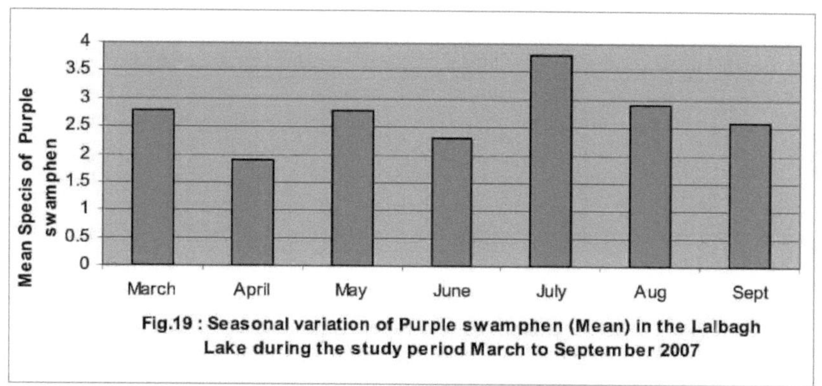

Fig.19 : Seasonal variation of Purple swamphen (Mean) in the Lalbagh Lake during the study period March to September 2007

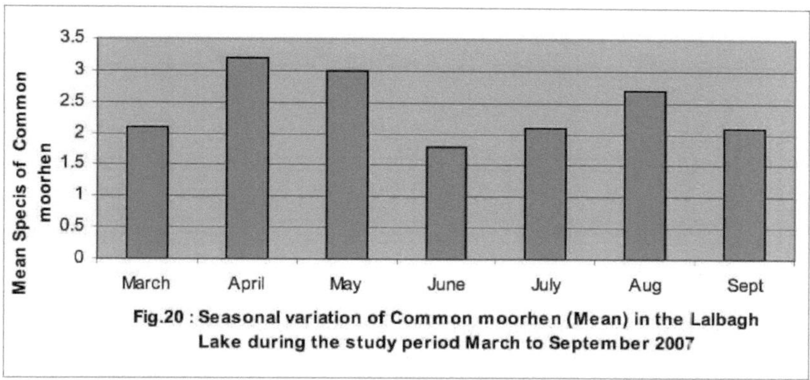

Fig.20 : Seasonal variation of Common moorhen (Mean) in the Lalbagh Lake during the study period March to September 2007

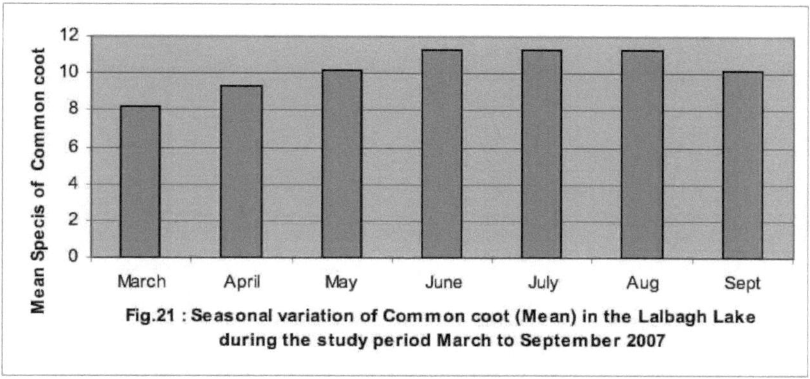

Fig.21 : Seasonal variation of Common coot (Mean) in the Lalbagh Lake during the study period March to September 2007

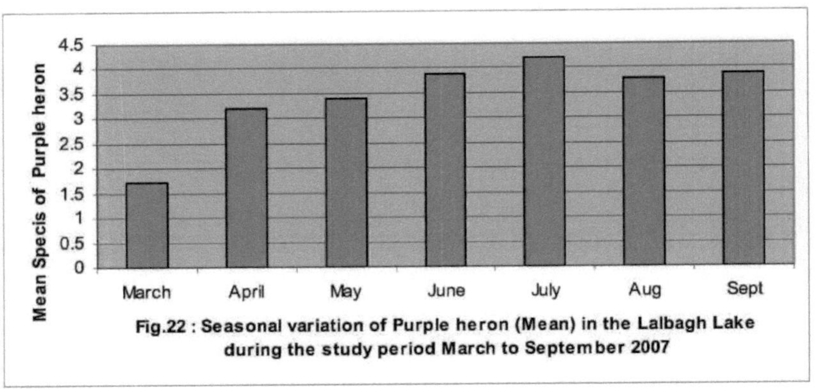

Fig.22 : Seasonal variation of Purple heron (Mean) in the Lalbagh Lake during the study period March to September 2007

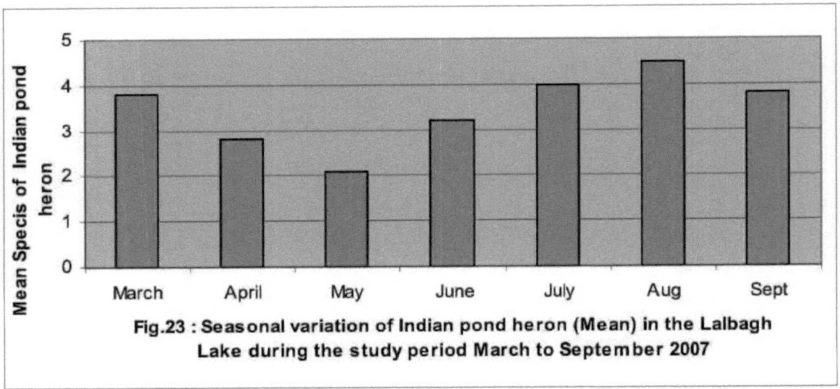

Fig.23 : Seasonal variation of Indian pond heron (Mean) in the Lalbagh Lake during the study period March to September 2007

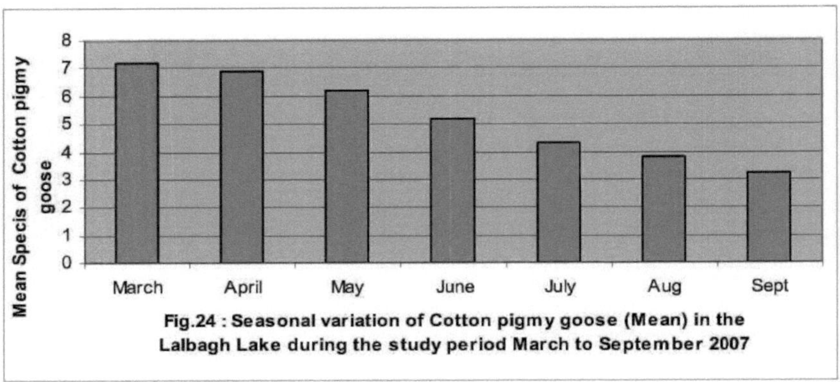

Fig.24 : Seasonal variation of Cotton pigmy goose (Mean) in the Lalbagh Lake during the study period March to September 2007

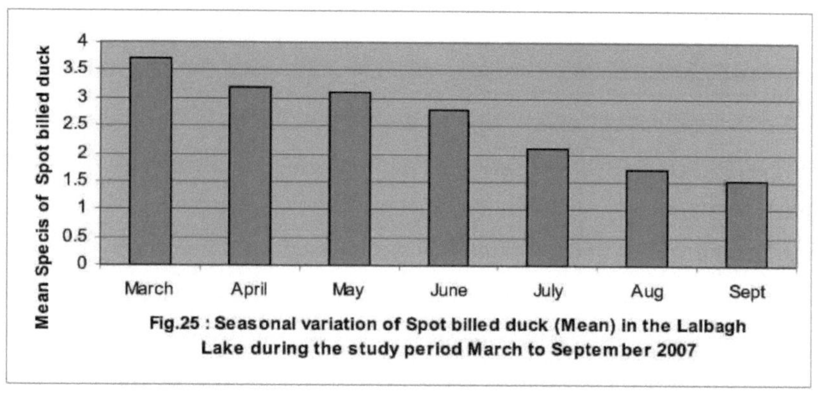

Fig.25 : Seasonal variation of Spot billed duck (Mean) in the Lalbagh Lake during the study period March to September 2007

A abundância do ganso pigmeu do Algodão mostrada na (Fig. 24), o valor médio desta espécie, mostrou um pico durante março de 2007 e um mínimo durante setembro de 2007 no lago Lalbagh. Mas junho, março e maio de 2007 apresentaram o valor médio mais elevado no lago.

A abundância de patos de bico pontiagudo mostrada na (Fig. 25), o valor médio desta espécie, mostrou um pico durante março de 2007 e um mínimo durante setembro de 2007 no lago Lalbagh. Mas os meses de junho a agosto, abril, maio e junho apresentaram o valor médio mais elevado no lago.

4.4. Discussão

A comunidade de aves de todas as espécies foi mais elevada no lago Madivala do que no lago Lalbagh. A percentagem de corvos-marinhos foi de 18% e 15,2% no lago Madivala e no lago Lalbagh, respetivamente. Esta riqueza de aves no lago Madivala pode dever-se a um certo espaço ou a recursos alimentares, tal como referido anteriormente por Hepp (1982). A galinha-d'água-comum 42,2%, a galinha-d'água-roxa 17,0% e o galeirão-comum 65,5% foram registados no lago Lalbagh. Contudo, a galinha-d'água-comum 44,1%, a galinha-d'água-roxa 30,0% e o galeirão-comum 55,5% foram registados no lago Madivala. Isto indica que a elevada percentagem de espécies de aves pode dever-se a alguns recursos alimentares específicos.

Foram registadas 16 espécies no lago Madivala e 9 espécies no lago Lalbagh, sendo 10 espécies comuns e as restantes pouco comuns. Também se registaram 12 espécies de aves aquáticas comuns. Durante o presente estudo, verificou-se que o corvo-marinho, a garça-real, a garça-boieira, a garça-branca-pequena, a cegonha-pintada, o pato-bico-de-ouro, o pato-de-pente, a galinha-d'água-comum, a galinha-d'água-roxa, o galeirão-comum, o guarda-rios-pequeno e o pescador-rei de peito branco. No entanto, durante o presente estudo, a alimentação (peixes e zooplânctons) foi identificada como uma das principais fontes da diversidade de aves aquáticas nos lagos. Verifica-se que as aves são um excelente indicador da biodiversidade global, tal como os peixes e os zooplânctons, etc., uma vez que inibem uma vasta gama de habitats e elevações

Vários factores contribuíram para as alterações na organização das espécies de aves em ambos os lagos. Os factores podem ser a disponibilidade de alimentos para as aves, o simples aumento vertical da folhagem, a perda de locais de alimentação e também a falta de nidificação. Locais.

O maior número de peixes, fitoplâncton e zooplâncton, artrópodes e molucanos foi encontrado no lago Madivala. A disponibilidade de alimentos para peixes e de recursos para as aves, maioritariamente piscívoras, foi encontrada em ambos os lagos.

Algumas alterações sazonais no número de aves aquáticas estão direta ou indiretamente relacionadas com as características bioquímicas da água e a disponibilidade de alimentos. As estratégias de forrageamento são determinantes mais importantes na distribuição das espécies em habitats aquáticos.

Algumas mudanças sazonais no número de aves aquáticas estão direta ou indiretamente ligadas ao crescimento de fitoplânctons, zooplânctons e peixes que atraem especialmente as aves aquáticas.

4.5 Resumo e conclusão

Para concluir, o estudo tem a particularidade de utilizar uma oportunidade de última hora para registar a avifauna dos maiores lagos de água doce de Bangalore no contexto da ecologia global. Os dados constituem uma informação indispensável para a comparação de estudos sobre a pouca água potável para os animais e outras actividades em torno dos lagos. O estudo mostra claramente que não existem grandes diferenças na distribuição das aves aquáticas nos dois lagos.

4.6 Referências

Anderson, 1992. Workshop sobre a ecologia das aves aquáticas invernantes. Vida Selvagem. Sci.bull.il :22-24.

Harish Bhatt, Manjunath, P., Promod Subbarao, 1999. Diversidade de aves aquáticas nos tanques do Norte de Bangalore. IISc. Bangalore, Relatório técnico.

JImLind, NickDanz, Joann M. Hanowski e Gerald J.Neimi. 2004. Monitorização de aves reprodutoras nas florestas nacionais dos Grandes Lagos, NRRI/TR/2004/05.

Jone Hawowski, Nick Danz e JimLind, 2004 Resposta das aves reprodutoras à colheita florestal em zonas de proteção em torno de lagoas sazonais nas florestas do Norte, NRRI/2004/10.

Jorge.E.Rabinovict, e Eduardo. H Rapoport 1975.Geographical variation of diversity in Argentine Passerine Birds. Journal of Biogeography, Vol.2 No3 pp141-157.

Krushnamegh.Kunte. AjitJoglekar, GhateUtKarsh e P.Pramod, 1997. Patterns of Butterfly, Bird and tree diversity in the Western Ghats, Pune, India pp1-18.

Rashid H. Raza, 2004. Bird diversity in the Gori-Ganga Valley: Patterns,Mechnisams and conservation Significance Universidade de Sheffeld, Reino Unido.

Reissel e Burt, 1979.Forjamento dependente do clima da Garça-real.AUK.96:628-629.

Reissel e Burt, 1979. Weather dependent foraging of Great Blue heron, AUK,96:628-629.

Robert, Howe, 2001. GIS frame work for bird conservation and monitoring

Universidade de Wisconsin, Green Bay. W.I 54311.

Saikia,P and Bhattacharjee,1993.Status,diversity and decline of water birds in Brahmaputra Valley, Assam, India. Bird conservation strategies for the Nineties and Beyond Ornithological Society of India, 20-27.

Salim Ali e Repley, 1987. Compact hand book of the birds of India and Pakistan, Oxford University Press, New Delhi, pp737-1104.

Salim Ali, 1979. The Book of Indian Birds, Bombaim. Nat.Hist.Sci

Stephanie J. Mwlles. 2005. Urban bird diversity as an indicator of Human Social diversity and Economic Inequality in Vancouver, British Columbia. Urban Habitats. Volume 3:01ISSN1541-7115.

Stephanie Mellar, Susan Glenn e Kathy Martine,2003.Urban bird diversity and Landscape complexity: Species environment Associations. Along a Multiscale Habitat Gradient. Universidade de Toronto, pp1-18.

Wiens, J.A .1995.Habitat fragmentation-Island V Landscape perspective on bird Conservation.Ibis,137: S97-S104.

William J. Mcshea, 2002. Managing the Abundance and diversity of breeding Bird populations (Gestão da abundância e diversidade das populações de aves nidificantes). Parque Zoológico Nacional. Centro de Conservação e Investigação. Fornt Royal, VA, EUA

MIX
Papier aus verantwortungsvollen Quellen
Paper from responsible sources
FSC® C105338

Printed by Books on Demand GmbH, Norderstedt / Germany